Ein Happy Miez-Buch

Christine Hauschild

Katzenhaltung mit Köpfchen

Für ein rundum glückliches Katzenleben

Bibliografische Informationen der Deutschen Nationalbibliothek:

Die Deutsche Nationalbibliothek verzeichnet diese Publikation in der Deutschen Nationalbibliografie; detaillierte bibliografische Daten sind im Internet über http://dnb.d-nb.de abrufbar.

Alle Angaben in diesem Buch erfolgen nach bestem Wissen und Gewissen. Sorgfalt bei der Umsetzung ist dennoch geboten. Der Verlag und die Autorin übernehmen keinerlei Haftung für Personen-, Sach- oder Vermögensschäden, die aus der Anwendung der vorgestellten Materialen und Methoden entstehen können.
Die in diesem Buch zusammengestellten Informationen stellen keinen Ersatz für eine tierärztliche oder tierpsychologische Untersuchung dar.

Katzenhaltung mit Köpfchen
Für ein rundum glückliches Katzenleben

Illustrationen: Iwon Blum
Lektorat: Christina Nissen, Marlitt Wendt
Umschlagsgestaltung: Christine Hauschild
Gestaltung: Christine Hauschild
Herstellung und Verlag: Books on Demand GmbH, Norderstedt
ISBN 978-3-8448-1192-6

Für Lucky, deren Name leider sieben Jahre lang nicht Programm war.

Das Wissen, dass Tiere fühlen – und unsere Fähigkeit sie zu verstehen, wenn sie Freude, Trauer, Eifersucht und Ärger ausdrücken –, erlaubt es uns, mit ihnen in Verbindung zu treten und außerdem ihre Sichtweise der Dinge zu bedenken, wenn wir mit ihnen interagieren. Das Wissen um die Leidenschaften der Tiere sollte einen Unterschied machen in dem, wie wir unsere Mitlebewesen sehen, vertreten und behandeln.

Prof. Marc Bekoff in „Das Gefühlsleben der Tiere"

Dank

Marlitt Wendt und Christina Nissen haben mir zahlreiche kleine, aber feine Verbesserungs-, Ergänzungs- und Korrekturvorschläge gegeben. Ich danke euch sehr für eure Gedanken, eure Ideen und eure Zeit.

Christina, deine ausdrückliche Kritik an Teilen des ersten Entwurfs war absolut berechtigt und du hast so einen wesentlichen Beitrag zur jetzigen Form von „Katzenhaltung mit Köpfchen" geleistet.

Die tollen Illustrationen in diesem Buch sind von Iwon Blum. Liebe Frau Blum, Ihnen gilt mein herzlichster Dank für Ihre kreativen Ideen, die wunderbare Umsetzung und Ihr anhaltendes und unglaubliches Engagement. Ohne Ihre Zeichnungen wäre dieses Buch nicht dieses Buch.

Christine Hauschild im Januar 2012

Inhaltsverzeichnis

Inhalt

Vorwort

Christine Hauschild ist es mit diesem Buch gelungen, mit Vorurteilen aufzuräumen und wissenschaftlich fundierte Hinweise zur artgerechten Haltung von Katzen zu geben. Besonders wird auf das Gefühlsleben einer Katze in Bezug auf die jeweilige Mensch-Katze-Situation eingegangen. Die Einführung in die Lerntheorie, mit all ihren Möglichkeiten der Beeinflussung des Verhaltens einer Katze im Alltag, gibt dem Leser ein spannendes Instrument an die Hand. Nicht nur das Katzenverhalten, sondern auch das eigene Verhalten wird in einem anderen Licht gesehen.

„Katzenhaltung mit Köpfchen" – aus Verantwortung unseren Katzen gegenüber, den Tieren mit Köpfchen, unbedingt empfehlenswert!

Susan Gonscherowski

Verband der Tierpsychologen und Tiertrainer e.V.
1. Vorsitzende

Einführung

Katzen sorgen für sich selbst. Katzen sind Einzelgänger. Katzen sind nicht erziehbar. Katzen sind genügsam. Katzen sind falsch und unberechenbar. Katzen können gut alleine bleiben. Katzen sind eigenwillig. Katzen passen sich an alles an. Katzen sind Individualisten. Katzen sind unbestechlich. Katzen sind ausgezeichnete Gefährten für Menschen jeden Alters. Mit Katzen kann man so schön kuscheln. Katzen erspüren die Bedürfnisse der Menschen. Katzen sind arrogant, launisch und nachtragend.

Dies ist eine Auswahl typischer Aussagen über Katzen. Und dieses Buch ist ein Buch für mutige und neugierige Menschen.

Wenn wir uns an die genannten Annahmen über Katzen halten, ist unser Leben mit Katzen recht bequem. Aber wie geht es eigentlich den Katzen damit? Werden wir unseren kleinen Tigern mit diesen Klischees gerecht?

Dies ist kein weiterer Katzenratgeber, der Ihnen sagt, dass Katzen Kratzmöglichkeiten an zentralen Stellen benötigen (auch wenn das ein wichtiger Punkt ist). Stattdessen möchte ich Sie dazu einladen, sich intensiver mit Ihrer Katze und dem Umgang mit ihr auseinanderzusetzen, als Sie das vermutlich bisher getan haben. Denn: Katzen sind intelligente Individuen mit Gefühlen und Bedürfnissen. Viele von ihnen sind sozial und genießen und brauchen die Nähe zu anderen Katzen und zu ihren Menschen. Sie verdienen es als lebendige Wesen, dass wir ihre persönlichen Grenzen respektieren. Wenn man sich näher damit beschäftigt, durch welche körpersprachlichen Signale Katzen ihre Stimmungen und Wünsche kommunizieren, lösen sich die unterstellte Launenhaftigkeit und Unberechenbarkeit ganz schnell in Luft auf. Und vor allem: Katzen sind unglaublich lernfähig! Kommt Ihre Katze, wenn Sie an den Futterschrank gehen? Öffnen Sie ihr die Balkontür, wenn sie lange genug miaut hat? Gehört Ihre Katze zu denen, die beim Ertönen der Türklingel erst einmal im anderen Zimmer verschwinden? Hat Ihre früher ängstliche Katze Vertrauen zu Ihnen gefasst? Macht Ihre Katze sich davon, wenn Sie den Transportkorb für den Tierarztbesuch hervorholen? Kratzt Ihre Katze provokant am Sofa? Springt sie immer wieder auf die Küchenzeile, wenn Sie daran arbeiten? All dies sind Beispiele für Lernprozesse. Der entscheidende Schritt ist nun, es nicht länger dem Zufall bzw. unserer Unüberlegtheit oder Unwissenheit zu überlassen, was unsere Katzen lernen und was nicht, sondern das Leben unserer Katzen bewusst zu gestalten und so gezielt bestimmte Lernerfahrungen herbeizuführen und andere zu vermeiden.

„Katzenhaltung mit Köpfchen“ ist also ein Buch über das Lernen: Wie lernen Katzen? Wie können wir Lernprozesse beeinflussen? Welche Voraussetzungen müssen erfüllt sein, damit Lernen stattfinden kann? Gibt es vielleicht bessere und schlechtere Wege, einer Katze etwas beizubringen? Bevor wir uns im hinteren Teil des Buches diesen Fragen stellen, müssen wir die Ausgangssituation für das Lernen betrachten. In den ersten Kapiteln beschäftigen wir uns deshalb zunächst mit typischen Lebensbedingungen unserer Katzen, kätzischen Grundbedürfnissen und der Frage, ob und was Katzen eigentlich fühlen. Nach einer kurzen Einführung in die Lerntheorie widmen wir uns dann intensiv der praktischen Anwendung der lerntheoretischen Erkenntnisse auf unser Zusammenleben mit den Katzen. Dabei wird es darum gehen, möglichst viel Wohlgefühl auf beiden Seiten, also für Mensch und Katze, zu erzeugen.

Vielleicht wird das Lesen einzelner Kapitel kurzzeitig etwas unbequem für Sie werden, da Sie möglicherweise beginnen, das Leben Ihrer Katze mit anderen Augen zu sehen als vorher – nämlich mehr mit den Augen einer Katze. Als Entschädigung dafür werden Sie wertvolle Erkenntnisse gewinnen, die Ihnen helfen können, Ihre Katze besser kennen und verstehen zu lernen. Sie können ihr (und sich) unangenehme Erlebnisse ersparen und stattdessen gezielt positive Erfahrungen herbeiführen. Sie werden erfahren, wie Sie Ihre Katze bei der Überwindung von Ängsten und Abneigungen unterstützen können, ohne sie zu überfordern. Es werden sich neue Kommunikationsmöglichkeiten zwischen Ihnen und Ihrer Katze auftun, die mit aktiver und liebevoller Kooperation auf beiden Seiten einhergehen. Dies ist die beste Vorbeugung gegen die Entstehung von Verhaltensproblemen und der Grundstein für eine wirklich innige und respektvolle Beziehung zwischen Katze und Mensch. Deshalb: Nur Mut – und viel Spaß!

Das Leben aus Sicht der Katze

Lebensraum Wohnung

Stellen Sie sich bitte einmal kurz, aber bildhaft Ihre Traumwohnung vor: Sie ist groß und ganz nach Ihrem Geschmack eingerichtet. Sie hat eine extrem gemütliche Sofaecke mit Kamin, einen schön platzierten Tisch zum Essen und Spielen, eine tolle Küche, um leckere Speisen zu zaubern. Überall haben Sie flauschige Teppiche, die sich ganz toll unter den Füßen anfühlen, oder von mir aus auch Stäbchenparkett, falls Ihnen das lieber ist. Vielleicht haben Sie nicht nur eine Badewanne, sondern auch noch ein kleines Trimm-Dich-Gerät. Sie haben neben einem Bücherregal und einer Spielesammlung bestimmt einen Fernseher, vielleicht auch einen DVD-Player und eventuell sogar eine Spielekonsole.

Und jetzt stellen Sie sich vor, Sie leben in dieser Wohnung – und Sie dürfen Sie bis an Ihr Lebensende nicht mehr verlassen. Diese Wohnung ist Ihr Lebensraum. Leider haben Sie kein Internet und können sich keine neuen Bücher, DVDs oder Spiele für die Konsole bestellen. Sie können nur die bereits vorhandenen lesen oder ansehen. Und im Fernsehen läuft auch nur ein merkwürdiger Kanal, in dem immer wieder die gleichen Sendungen gezeigt werden. Um Geld brauchen Sie sich keine Sorgen zu machen, arbeiten war gestern. Wenn etwas kaputt geht, taucht dieser Gegenstand einfach in nagelneu wieder auf. Die Vorratsschränke sind immer voll – mit jeder Menge Fertiggerichten. Sie brauchen also noch nicht einmal zu kochen, und über den Einkauf müssen Sie auch nicht nachdenken. Wie lange könnten Sie dieses faule Leben genießen?

Verändern wir dieses Szenario leicht: Es lebt noch jemand mit Ihnen in dieser Wohnung. Diesen „Jemand" mögen Sie gern, er spricht allerdings Ihre Sprache nicht. Dafür hat Jemand die Kontrolle über die Fertiggerichte und über die An-Knöpfe für sämtliche Unterhaltungsmedien. Es gibt Tage, an denen Jemand sehr liebevoll zu Ihnen ist, mit Ihnen spielt und Ihnen den Rücken massiert. An anderen Tagen kommt er gar nicht nach Hause oder beachtet Sie kaum, während er in seine eigenen, sehr merkwürdigen Tätigkeiten vertieft ist. Manchmal bringt Jemand Ihnen einen neuen Film mit, manchmal überrascht er Sie mit einem neuen Buch. Aber manchmal macht er für drei Wochen am Stück den Fernseher noch nicht einmal für einen alten Schinken an. Wie fühlen Sie sich?

Die Haltung von Katzen in reiner Wohnungshaltung ist noch ein vergleichsweise neues Phänomen, nachdem sie als Hofkatzen längere Zeit eher in der Nähe der Menschen gelebt haben. Als typische Hofkatze hatte die Katze nur begrenzten Zugang zum Wohnraum der Menschen und lebte stattdessen mit ihrer Katzengruppe in erster Linie auf dem gesamten Hof mit Zugang zu Scheunen und Ställen. Für die Erledigung ihrer Aufgabe als Mäusejägerin erhielt sie zusätzlich von den Menschen etwas Futter.

Heutzutage lebt der Großteil der Katzen in Deutschland in Häusern und Wohnungen ohne Freigang. Das Leben einer Wohnungskatze ist grundverschieden von dem einer Hofkatze. Betrachten wir die Hauptunterschiede zwischen dem Alltag der traditionellen Hofkatze und dem der „modernen" Wohnungskatze.

Unterschied Nr. 1: Die Wohnungskatze ist arbeitslos.

Freilebende Katzen verbringen einen großen Teil ihrer wachen Zeit mit Jagd und Erkundung. Sie besuchen verschiedene Stellen ihres Reviers und schauen nach dem Rechten. Hat sich etwas verändert? Was ist das für ein Geruch? Zu wem gehört diese Markierung hier? Und sie halten Ausschau nach potentieller Beute. Wird diese erspäht oder gehört, beginnt die manchmal rasante, aber häufiger viel Zeit in Anspruch nehmende Jagd. Eine Katze kann stundenlang gespannt lauernd vor einem Mauseloch ausharren, wenn sie daraus ein verdächtiges Geräusch wahrgenommen hat. Sie kann lange damit zubringen, Vögel zu beobachten und auf den richtigen Moment zum Sprung zu warten. Und in der Regel braucht sie auch noch sehr viele Versuche, bis der Sprung dann zum Erfolg führt. Auf dem Heimweg gibt es wieder viel zu sehen, viel zu riechen, viel zu hören.

Im Leben einer normalen Wohnungskatze gibt es keine echten Beutetiere zu belauern und zu erjagen. Eine Ausnahme bilden vielleicht die eine oder andere verirrte Motte oder Fliege, wenn die Menschen so nett waren, die Fenster offen zu lassen.

Der Job, den unsere Katzen also perfekt beherrschen und für den sie ein absolutes Naturtalent haben, ist auf dem Arbeitsmarkt für Wohnungskatzen nicht verfügbar.[1] Auch für die zweite typische Beschäftigung, die Erkundung, gibt es in der Wohnung keine Verwendung. Wenn man tagein tagaus in den gleichen vier Wänden lebt, kennt man sie sehr schnell auswendig. Es passieren im Alltag meist wenig spannende Dinge und es tauchen nur wenige neue Reize auf, die wirklich eine ernsthafte Erkundung wert sind. Stattdessen gibt es einfach NICHTS zu tun und Frau Katz und Herr Kater leiden unter Langeweile.

Unterschied Nr. 2: Keine Kontrolle über die Nahrung

Freilebende Katzen spezialisieren sich nicht selten auf bestimmte Beutetiere. Mäuse bilden natürlich normalerweise, wenn vorhanden, die Hauptnahrungsquelle. Aber die Geschmäcker sind durchaus verschieden: Einige Katzen fressen gerne Schnecken, andere Eidechsen und wieder andere schwören auf Insekten. Unterschiedliche Beutetiere erfordern auch unterschiedliche Jagdtechniken und sind mit mehr oder weniger Risiko verbunden. Manche Katzen lieben den Nervenkitzel und versuchen ihr Glück auch bei Ratten, großen Vögeln oder Kaninchen. Andere lassen die Pfoten von allem, was größer ist als eine Maus oder sich auch nur ansatzweise wehrhaft zeigt. Das jeweilige Vorkommen verschiedener Beutetiere bestimmt natürlich, was der freilebenden Katze grundsätzlich in ihrem Lebensraum als mögliches Beuteobjekt zur Verfügung steht. Was genau die Katze dann aber erjagt und verspeist, ist ihre freie Entscheidung. Das gleiche gilt natürlich für den Zeitpunkt der Jagd.

[1] Falls Sie jetzt die Idee haben, Ihrer Katze lebende Beute mit nach Hause zu bringen, ehrt Sie das. Es ist aber aus tierschutzrechtlichen Gründen zum Glück verboten und deshalb keine geeignete Lösung.

In der Wohnung lebt die Katze in einem vermeintlichen Schlaraffenland. Sie braucht sich nicht zu plagen, sondern bekommt das Futter serviert. In welcher Form dies geschieht, wie oft und zu welchen Zeiten, darüber hat die Katze allerdings keinerlei Kontrolle. Dies gilt auch für viele andere Annehmlichkeiten.

Unterschied Nr. 3: Die Größe des Reviers

Das Revier von Katzen lässt sich in zwei Zonen unterteilen: In der Kernzone befinden sich die verschiedenen Schlafplätze und Futterstellen sowie im Fall von unkastrierten Kätzinnen das Nest. Jenseits der Grenzen dieser Kernzone beginnt das Streifgebiet der Katze, das den zweiten Bereich ihres Reviers bildet. Hier unternimmt die Katze Erkundungsausflüge und geht auf die Jagd. Kernzone und Streifgebiet bilden zusammen das Revier. Die Streifgebiete verschiedener Katzenreviere können sich überlappen und werden häufig zeitlich aufgeteilt.

Verschiedene Studien haben sich mit der Größe von Kernzonen und Streifgebieten beschäftigt und mit der Frage, ob und mit wem diese geteilt werden. Eine Studie mit freilebenden europäischen Bauernhofkatzen[2] hat als kleinste Kernzone einen Bereich von 0,1 ha, also etwa 1.000 qm aus-

[2] Details siehe Schär 2003, S. 10ff. Alle folgenden Berechnungen: Hauschild.

gemacht. Dies entspricht zum Beispiel einer Fläche von 30 x 35 Metern, auf der sich die Katze absolut heimisch fühlt und sichere Schlaf- und Fressplätze nutzt. Die größte gemessene Kernzone erstreckte sich über 4.500 qm – dies gleicht einer Fläche von etwa 65 x 70 Metern. Und bei diesen Flächenangaben sind die Streifgebiete, die ja ebenfalls zum Revier gehören, noch gar nicht eingerechnet. In der Studie wurde gezeigt, dass die Tiere außerhalb der Kernzone regelmäßig Distanzen von 100 bis 1.000 m zurücklegten. Potente Kater nehmen noch viel weitere Wege auf sich, um fortpflanzungsbereite Kätzinnen aufzusuchen.

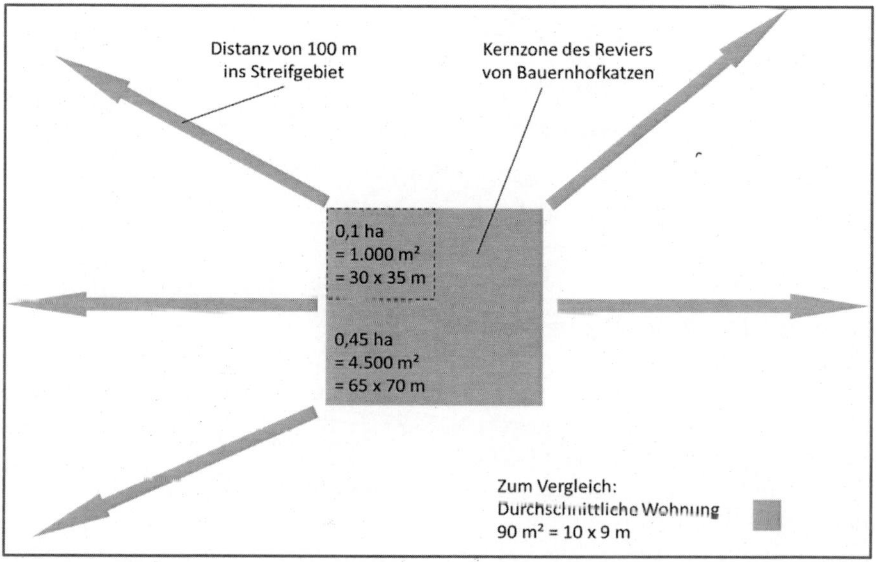

Grafik: Hauschild, Datenquelle: Schär (2003), Berechnungen: Hauschild

Nach Angaben des statistischen Bundesamts beträgt die durchschnittliche Fläche je Wohneinheit (Eigentum und Miete) in den neuen Bundesländern 77 Quadratmeter und in den alten Bundesländern 90 Quadratmeter (Stand Januar 2011)[3]. Diese Wohnungen sind dann in der Ausdehnung zum Bei-

---

3 Diese durchschnittlichen Wohnflächen basieren auf Eigentum und Mietwohneinheiten. Betrachtet man nur Mietobjekte, dann betragen die durchschnittli-

spiel etwa 8 x 10 oder 9 x 10 Meter groß. Im Vergleich zur kleinsten gefundenen Kernzone europäischer Bauernhofkatzen mit ca. 1000 Quadratmetern sind unsere Wohnungen also winzig. Und für unsere Wohnungskatzen muss die Wohnung Kernzone und Streifgebiet abdecken, also wirklich ihren ganzen Lebensraum.

Es wurde in verschiedenen Studien[4] auch untersucht, ob Kernzonen von mehreren Katzen geteilt werden: Dies ist in der Regel der Fall, und zwar sind es meist miteinander verwandte Kätzinnen, die sich diesen wichtigen Lebensraum teilen. Kater gehören manchmal auch dazu, bewegen sich aber eher am Rand der Gruppe – zum Ausgleich gehören manche Kater dafür offenbar gleich mehreren Katzengruppen an, zwischen deren Revieren sie hin und her wechseln. Ob die Kernzone geteilt wird und wie groß die Gruppe sein darf, ist maßgeblich abhängig von der Menge der zur Verfügung stehenden Ressourcen. Ganz zentral ist dabei natürlich die Versorgung mit Futter. Werden die Ressourcen knapp, muss jemand gehen. Die höchste Katzendichte, also die höchste Zahl von Katzen auf einer bestimmten Grundfläche, wurde in einer Großstadt gemessen, und zwar in

chen Wohnflächen in den alten Bundesländern sogar nur 73 Quadratmeter und in den neuen Bundesländern 64 Quadratmeter.

[4] Siehe Liberg et al. in Turner, 2000, S. 119ff.

Jerusalem. Hier teilten sich 28 Katzen einen Hektar Fläche (100 x 100 m = 10.000 qm).

An dieser Stelle möchte ich jetzt ein bisschen mit Ihnen rechnen: Wenn wir uns diese vergleichsweise sehr eng miteinander lebenden 28 Katzen auf 10.000 qm anschauen, wie viele von ihnen leben dann umgerechnet auf einer Fläche, die unseren durchschnittlichen Wohnungsgrößen entspricht? In unserer westdeutschen 90 qm großen Wohnung würden demnach 0,25 Katzen, in der ostdeutschen, 77 qm großen Wohnung 0,22 Katzen leben[5].

Eine Viertelkatze pro Wohnung? Gehen wir noch mal einen anderen Weg. Nehmen wir an, dass in jedem Katzenhaushalt durchschnittlich zwei Katzen zusammen leben. Wie viele Katzen hätten wir dann bei einer Hochrechnung von den durchschnittlichen Wohnungsgrößen auf einen Hektar Wohnfläche? 222 Katzen auf 10.000 qm in den alten und 263 Katzen in den neuen Bundesländern.[6] Weil ein Hektar für die meisten von uns eine sehr abstrakte Größe ist, habe ich von zwei Katzen auf 90 qm noch einmal hochgerechnet auf verschiedene Flächen in Deutschland. Aus Hamburg kommend beginne ich mit dem Hamburger Stadtpark: Dieser umfasst ca. 150 Hektar und bei zwei Katzen je 90 qm würden ca. 39.500 Katzen in ihm leben. Unvorstellbar! Ich mag Katzen wirklich gerne, aber in diesen Park würde ich keinen Fuß mehr setzen. Hier einige weitere Beispiele quer durch die Republik:

Hannover Tiergarten	29.500 Katzen
Berliner Tiergarten	44.500 Katzen
Englischer Garten in München	82.900 Katzen
Helgoland plus Düne	37.800 Katzen
Insel Rügen	21.688.900 Katzen

Und im Kölner Dom schließlich würden wir 178 Katzen vorfinden. Man kann mit einiger Sicherheit behaupten, dass freilebende Katzen niemals so eine relative Enge und Nähe zueinander wählen würden. Und ich möchte daran erinnern, dass ich den großzügigsten Durchschnittswert herangezo-

[5] Der Rechenweg ist: 28 ÷ 10.000 x 90 bzw. 28 ÷ 10.000 x 77.

[6] Der Rechenweg ist: 2 ÷ 90 x 1.000 bzw. 2 ÷ 77 x 1.000.

gen habe, nämlich die westdeutsche 90 qm-Eigentumswohnung (und nicht die 64 qm-Mietwohnung in den neuen Bundesländern).

Das Lesen dieser letzten Seiten war wahrscheinlich nicht sehr angenehm, denn diese Art der Betrachtung der Wohnung als Lebensraum einer Katze bietet eine neue Perspektive auf die Lebensbedingungen, die wir unseren Katzen anbieten. Ich möchte Sie damit aber nicht zu Kurzschlussreaktionen und unüberlegten Handlungen veranlassen. Stattdessen geht es mir darum, dass wir würdigen, welche unglaublichen Anpassungsleistungen unsere Katzen vollbringen, wenn sie sich in diese beengten Verhältnisse einpassen. Und ich möchte die absolute Notwendigkeit dafür aufzeigen, die Wohnungen so katzengerecht wie nur möglich zu gestalten und den Katzen artgerechte Beschäftigungsmöglichkeiten anzubieten (mehr dazu im Abschnitt *Beschäftigung*). Dies ist die Voraussetzung für eine gewisse Lebensqualität für unsere Katzen, dient der Vermeidung von Verhaltensproblemen und ist die Bedingung dafür, dass Lernprozesse stattfinden bzw. gestaltet werden können.

Natürlich haben Katzen Gefühle …

Wenn wir eine Katze sehen, die in Panik flieht oder von anderen Katzen in eine Ecke gedrängt wurde und dort kauert, haben wir keine Zweifel daran, dass diese Katze Angst empfindet – und nicht nur bestimmte körperliche Anzeichen zeigt. Düst eine Katze im Hoppelgalopp durch die Wohnung oder macht sie einer Staubfluse den Garaus, sind wir sicher, dass sie gerade ziemlich viel Spaß hat. Wenn sie ihre Mitkatze attackiert, nachdem diese eine halbe Stunde gestreichelt wurde, denken wir an Eifersucht. Wir glauben, dass sich unsere Katzen freuen, wenn wir nach Hause kommen und uns deshalb an der Tür begrüßen und dass das Anschmiegen und Ankuscheln Zeichen ihrer Zuneigung sind. Wir gehen davon aus, dass Katzen sich in weichen Bettchen und auf warmen Fensterbänken wohlfühlen und die Gemütlichkeit genießen, dass sie verschiedene Futtersorten als unterschiedlich schmackhaft empfinden und sich entsprechend mehr oder weniger darüber freuen. Wir kommen nicht auf die Idee zu denken, dass die Katze nur reflexartige Handlungen ausführt und von keinerlei Emotionen geleitet wird.

Manchmal werden Katzen vielleicht auch vorschnell Gefühle bzw. Motive unterstellt, die bei genauerer Betrachtung nicht immer haltbar sind: Eine Katze, die ihren Menschen nicht mehr anguckt und Distanz hält, schmollt vielleicht. Vielleicht bemüht sie sich aber auch gerade um absolute Höflichkeit, weil sie die Anspannung und Wut des Menschen spürt, ohne sich über den Anlass dafür im Klaren zu sein. In diesem Fall würde die Katze nicht schmollen, sondern sich unsicher fühlen.

... aber nur, solange es uns passt!

Es gibt aber Situationen, in denen wir uns als Katzenhalter lieber nicht mit den Gefühlen unserer Stubentiger auseinandersetzen wollen: Wenn wir (häufiger) über das Wochenende wegfahren, wenn wir regelmäßig Nächte außer Haus verbringen möchten, wenn keine Zeit zum Spielen und Kuscheln bleibt, wenn Rituale und Zeiten nicht eingehalten werden können. Die Liste könnte leicht viel länger werden. In Situationen, in denen unsere eigenen Bedürfnisse mit denen der Katze kollidieren, ist die Katze schnell einfach nur noch eine Katze. Das Abendessen kann nicht pünktlich gegeben werden? „Draußen fängt die Katze ja auch nicht immer sofort eine Maus, wenn sie hungrig ist.“ Stimmt. Aber zum einen sind Katzen klug und gehen in der Regel schon auf die Jagd, bevor sie allzu hungrig sind. Zum anderen haben die Katzen draußen durch die Möglichkeit zur Jagd eine gewisse Kontrolle über die eigene Versorgung. Sie können sich darum kümmern, auch wenn sie dann vielleicht wirklich mal Jagdpech haben. Das fühlt sich mit Sicherheit ganz anders an, als wenn einem nichts anderes übrig bleibt als darauf zu warten, dass der Mensch irgendwann doch noch nach Hause kommt.

Vielleicht sind wir also manchmal aufgrund eigener Bequemlichkeit oder auch äußerer Sachzwänge nicht ganz objektiv in der Beurteilung der Gefühlswelt unserer Katzen. Deshalb lohnt es sich zu schauen, was neuere Forschungen herausgefunden haben. Zu welchen Emotionen sind Katzen fähig?

Die Emotionen der Katze

Das Thema Tiere und Emotionen ist ein heikles Thema, mit dem sich Biologen und insbesondere Psychologen recht schwer tun. Die neueren Forschungsergebnisse aus der Wissenschaft, die Tieren das Erleben verschiedener Gefühlszustände zugestehen, erscheinen Katzenhaltern häufig nicht besonders spektakulär – aber sie sind es! Die Gefühle anderer Lebewesen sind nur schwer messbar und nachweisbar. Studien an verschiedenen Tierarten zu deren Gehirnstrukturen sowie den körperlichen biochemischen Prozessen, die die Basis für Emotionen bilden, zeigen, dass diese denen des Menschen sehr ähnlich und in Teilen sogar identisch sind.[7] Dies legt den Schluss nahe, dass Tiere auch ganz ähnliche Emotionen erleben wie wir Menschen und wirklich nicht nur triebgesteuerte Reiz-Reaktionsautomaten sind. Tiere verhalten sich also nicht einfach *als ob* sie Angst haben, *als ob* sie wütend sind oder *als ob* sie trauern. Sie tun es.

Kaum jemand scheint noch zu bezweifeln, dass Tiere zu den sogenannten Primäremotionen fähig sind[8], die kein bewusstes Nachdenken erfordern, sondern als Reaktion auf die Umwelt erfolgen: Angst und Ärger, Ekel, Traurigkeit, Überraschung und Glück. Darüber hinaus gibt es laut dem Ethologen Marc Bekoff zahlreiche Hinweise dafür, dass Säugetiere auch die sekundären Emotionen erleben, zu denen etwa Reue, Eifersucht, Verlegenheit, Mitgefühl, Liebe und Humor gehören[9]. Franklin McMillan[10] be-

[7] Vgl. Franklin McMillan (2005): Mental Health and Well-being in Animals.

[8] Verhaltensbiologin Marlitt Wendt widmet sich in ihrem Buch „Wie Katzen ticken“ dem Denken und Fühlen von Katzen.

[9] Vgl. Marc Bekoff (2008): Das Gefühlsleben der Tiere.

[10] Franklin McMillan: Emotional Maltreatment in Animals; in: McMillan (2005).

nennt in einem Aufsatz über emotionale Misshandlung von Tieren die folgenden unangenehmen Emotionen als unstrittig: Furcht (und Phobien), Angst, Trennungsangst (oder Trennungsstress), Einsamkeit (und isolationsbezogene Gefühle), Langeweile, Frustration, Wut, Trauer, Hilflosigkeit, Hoffnungslosigkeit und Depression. Für Eifersucht, Verlegenheit, Scham und Schuld gibt es für Tiere nach McMillan hingegen noch keine stichhaltigen Beweise.

Es ist nicht zu erwarten, dass alle Individuen einer Art und damit auch alle Katzen Gefühle auf die gleiche Weise empfinden und zum Ausdruck bringen. Wie bei uns Menschen gibt es unterschiedliche Persönlichkeiten, die die Welt unterschiedlich wahrnehmen und erleben. Als Katzenhalter können wir natürlich nicht wissen, was sich in den Gehirnen unserer Katzen abspielt. Aber wir können das Ausdrucksverhalten unserer Katzen beobachten: „Nichtsdestotrotz ist es überraschend leicht, die grundlegenden oder primären Emotionen von Tieren zu erkennen. Wir müssen nichts weiter tun, als hinsehen, hören und riechen. Ihre Gesichter, ihre Augen und ihre Körperhaltung lassen ziemlich genaue Schlussfolgerungen darüber zu, was sie fühlen. Veränderungen in Muskelspannung, Pose, Gang, Gesichtsausdruck, Augengröße und Blick, Lautäußerungen und Gerüchen (Pheromone) zeigen, für sich genommen oder im Verbund, emotionale Reaktionen auf eine bestimmte Situation an.“ (Bekoff, 2008:69). Bei der Interpretation des Ausdrucksverhaltens unserer Katzen sollten wir uns dennoch bemühen, nicht unsere eigenen menschlichen Maßstäbe anzulegen. Die Katze betrachtet die Welt aus Katzensicht – es ist deshalb anzunehmen, dass andere Dinge und Begebenheiten als beim Menschen in ihr bestimmte Emotionen und damit Ausdrucks- und Verhaltensweisen auslösen. Dass wir es mit fühlenden kleinen Wesen zu tun haben, die Freude

und Leid vermutlich ähnlich erleben wie wir, sollten wir in keinem Moment vergessen.

Wir nehmen es nun also als erwiesen an, dass Katzen Gefühle haben. Von uns selbst wissen wir, dass wir uns nicht immer gleich fühlen, sondern emotional auf unsere Umwelt und Ereignisse reagieren. Dabei streben wir danach, ganz einfach formuliert, uns möglichst selten und kurz in irgendeiner Weise schlecht zu fühlen und stattdessen möglichst viel Zeit in neutraler, besser noch in guter Stimmung zu verbringen. Viele Menschen entwickeln im Laufe ihres Lebens zumindest zeitweise psychische Probleme wie z.B. Angststörungen. Heutzutage ist es in diesem Zusammenhang völlig normal, diesen Zustand nicht als gegeben hinzunehmen, sondern ihm auf verschiedenen Ebenen und ggf. mit therapeutischer Hilfe zu begegnen. Verdient eine Katze nicht das gleiche Engagement, wenn es ihr nicht gut geht?

Typisch Katze! – Wirklich?

Vor diesem Hintergrund ist es lohnenswert und aufschlussreich, einige der typischen Katzenklischees genauer unter die Lupe zu nehmen. Vielleicht können wir unseren Katzen Gutes tun, wenn wir einige von ihnen über Bord werfen?

„Katzen sind nun mal ängstlich ..."

Katzen sind nicht nur Raubtiere, sondern aufgrund ihrer Größe auch Beutetiere, durch deren Leben sich wie ein roter Faden das Grundbedürfnis nach Sicherheit und Tarnung zieht. Tatsächlich scheinen Katzen eine gewisse Veranlagung für die Entwicklung von Ängsten und Angststörungen mitzubringen. Ängste treten als Reaktionen auf bestimmte Erlebnisse und Erfahrungen auf. Sie können aber auch durch ein Leben ausgelöst werden, das für die betroffene Katze nicht bedürfnisgerecht ist. Es gibt unzählige Katzen, die zum Beispiel hektisch unter einem Bett verschwinden, wenn es an der Tür klingelt. Manche von ihnen kommen dann vorsichtig gucken, wer da gekommen ist. Andere bleiben in ihrem sicheren Versteck, bis der Besuch wieder gegangen ist – oder sicherheitshalber auch noch ein Stündchen länger. Die Halter berichten von diesem ängstlichen Verhalten ihrer Katzen meist, als sei es eine Selbstverständlichkeit. „Ach ja, meine Katzen verschwinden immer, wenn es klingelt. Die kommen aber nachher wieder raus … So sind Katzen halt.“

Vor dem Hintergrund, dass die Katze in der Wohnung keine Möglichkeit hat, das Auftreten der Angstreize Türklingel bzw. fremder Mensch zu kontrollieren und in der Folge für die Dauer des Besuchs in ihrer Bewegungsfreiheit stark eingeschränkt ist, halte ich es für ethisch geboten, ihr zu helfen, die Angst vor Besuch zu überwinden. Es ist typisch Katze, vorsichtig und misstrauisch zu sein. Aber es gibt kein Naturgesetz, das besagt, dass Katzen in Angst leben müssen. Im Kapitel *Alltag mit der Katze: Anwendung der Lerntheorie* werden wir ausführlich besprechen, wie man der Katze zu neuen Erfahrungen verhelfen kann.

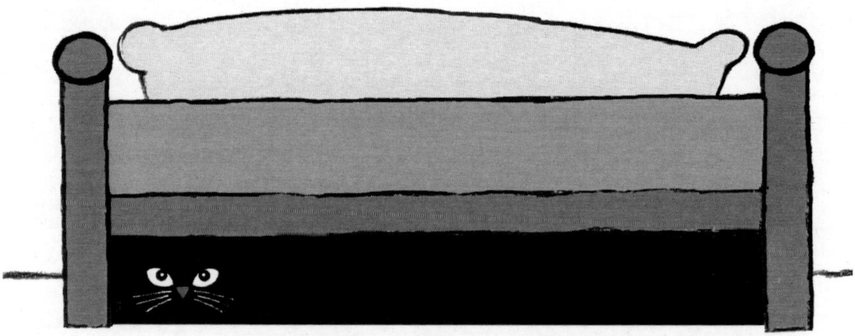

Nehmen wir uns an dieser Stelle noch weitere Katzenklischees vor, auch wenn bei ihnen nicht so offensichtlich Emotionen im Mittelpunkt stehen.

„Katzen schlafen ja ohnehin den ganzen Tag.“

Es stimmt, dass Katzen im Vergleich zum Menschen viel Zeit mit Schlafen verbringen. Wenn eine Katze 14 bis 16 Stunden am Tag ruht und schläft, dann liegt sie damit im Rahmen des Normalen. Damit verbleiben allerdings immer noch acht bis zehn Stunden pro Tag, in denen die Katze ihren Aktivitäten nachgehen sollte: Putzen, Fressen, Erkundungstouren, Jagd und Spiel, Kuschelstunden, Beobachtung. Tut sie das nicht, dann stimmt etwas nicht. Wenn eine Katze wirklich nur zum Fressen aufsteht und ansonsten nur schläft und ruht, sollte als erstes ihr Gesundheitszustand überprüft werden. Ist körperlich alles in Ordnung, dann müssen die Lebensumstände der Katze unter die Lupe genommen werden. Exzessiver Schlaf kann ein Ausdruck von chronischer Langeweile[11] sowie Depressionen sein. Andere Katzen versuchen, durch Schlaf und Sich-schlafend-Stellen einem für sie unerträglichen Stress zu entkommen oder keinen Anlass für Angriffe durch eine andere Katze zu geben. Da eine Katze, die tagein tagaus auf dem Sofa eingerollt liegt, für den Menschen ein sehr unkomplizierter und wenig anstrengender Zeitgenosse ist, bleibt ihr Leiden leider häufig unverstanden.

„Katzen sind Einzelgänger und brauchen nix und niemanden."

Unsere Hauskatzen sind tatsächlich keine Rudel- oder Herdentiere, wie wir das von Hunden oder Pferden kennen. Sie sind aber auch nicht die eingefleischten Einzelgänger, als die sie im Volksmund bezeichnet werden. Viele freilebende Katzen unterhalten freundliche und mehr oder weniger enge soziale Kontakte und Beziehungen zu anderen Katzen. Diese freundschaftlichen Beziehungen beruhen auf gegenseitiger Sympathie, Zuneigung und Höflichkeit. Sie können aber aufgrund von innerem (z.B. Krankheit) oder äußerem Stress (z.B. Ressourcenknappheit) oder durch Missverständnisse und Streitigkeiten zerbrechen. In diesem Fall verlässt mit großer Wahrscheinlichkeit eine der beiden das bis dahin geteilte Revier.

Im Zusammenleben mit dem Menschen sitzen Katzen zu typischen Heimkehrzeiten am Fenster und warten, kommen angerast, wenn sie das Auto hören oder zur Tür geflitzt, um uns zu begrüßen. Sie suchen unsere Nähe und nicht wenige suchen phasenweise ganz gezielt engen Körperkontakt. Begrüßungen, körperliche Nähe und der Versuch, gemeinsame Aktivitäten

[11] Studien haben nachgewiesen, dass Langeweile bei Tieren wie beim Menschen zu Lethargie und Gereiztheit, mangelnder Entspannung, Ruhelosigkeit und Anspannung sowie schließlich zu Depressionen führen kann (Wemelsfelder: Animal Boredom: Understanding the Tedium of Confined Lives. In: McMillan (2005): Mental Health and Well-being in Animals)

zu initiieren, werden dabei nicht wahllos jedem zuteil, dem die Katze begegnet, sondern die Katze wendet sich damit an vertraute Sozialpartner. Ganz offensichtlich zeigen Katzen also ein Bedürfnis nach Sozialkontakt und gehen Bindungen ein. Verlieren Katzen einen vertrauten Artgenossen, reagieren sie nicht selten mit Trauer. Stehen die menschlichen Sozialpartner plötzlich seltener zur Verfügung (z.B. weil sie häufig länger wegfahren oder mit anderen Dingen beschäftigt sind), kann dies in der Katze – je nach Charakter – Frustration, Verunsicherung, Depression oder Langeweile hervorrufen. Eine Katze mit engen sozialen Bindungen ist immer noch ein selbstständiges Lebewesen, sie beschäftigt sich durchaus mit sich selbst und verfolgt die eigenen kätzischen Interessen. Aber sie ist emotional nicht völlig unabhängig.

Dies gilt natürlich noch viel stärker für Katzenkinder. Freilebende Mütter erlauben ihrem Nachwuchs in der Regel mindestens bis zum Erreichen der Geschlechtsreife im Revier zu bleiben.[12] Stimmen die Ressourcen, dann dürfen insbesondere die Töchter noch deutlich länger bleiben. Die leider immer noch gängige Praxis, junge Kätzchen bereits im Alter von acht Wochen von ihren Müttern und Geschwistern zu trennen und alleine in einen Haushalt zu stecken, gleicht einer unzumutbaren Härte. Würden Sie ein kleines Kind allein in die Welt schicken? Das Mindestalter bei der Trennung sollte 12 Wochen betragen, besonders verantwortungsvolle Züchter geben den Nachwuchs erst ab der 16. Lebenswoche ab. Diese Katzen haben in der vergleichsweise langen Zeit im Familienverbund in der Regel ein hohes Maß an sozialer Kompetenz, einen souveränen Umgang mit den kleineren Widrigkeiten des Lebens (= gute Frustrationstoleranz) und Selbstbeherrschung erworben. Dies sind Eigenschaften, die sie im Zusammenleben mit uns Menschen, aber auch mit ihren Katzenkameraden zu besonders tollen, angenehmen und vergleichsweise pflegeleichten Hausgenossen machen. Die Katzenmutter und die Wurfgeschwister leisten eine Erziehungsarbeit, die wir Menschen mit noch so viel Sachverstand und Liebe nicht ersetzen können. Auch im Alter von drei oder vier Monaten sind die Kätzchen aber noch sehr jung und bedürftig und sollten keinesfalls in Einzelhaltung kommen. Sie werden als kleine soziale und ja auch schon sozial kompetente Wesen die Gesellschaft von freundlichen Artgenossen genießen. Werden sie also nicht in einen Katzenbestand inte-

---

[12] Liberg et al. (2000)

griert, sollte die Aufnahme von zwei jungen Katzen eine Selbstverständlichkeit sein. Wir Menschen müssen uns im Übrigen nicht sorgen: Auch wenn die Kätzchen beim Einzug schon *so alt* sind und einander haben, werden wir nicht unwichtig sein. Solange wir uns nicht als völlig unverträglich erweisen, werden sie eine enge und freundliche Beziehung mit uns aufbauen – Katzen können mehr als nur eine einzige Freundschaft pflegen.

„Katzen sind falsch."

In einem Moment schnurren sie einem um die Beine, im nächsten Moment hauen sie zu – ohne Vorwarnung. So kommt es einigen Menschen mit manchen Katzen vor. Aus einer eigentlich freundlichen Situation heraus verhält sich die Katze aus Sicht des Menschen plötzlich aggressiv. Aus Katzensicht würde die Situationsbeschreibung wahrscheinlich etwas anders klingen. Die Katze würde darauf hinweisen, dass sie bereits mit der Schwanzspitze gezuckt, ein Ohr zur Seite gedreht, den Blick demonstrativ abgewandt oder vielleicht sogar leise geschnauft hat. Vielleicht würde sie auch sagen, dass sich der Mensch furchtbar unhöflich verhalten hat, indem er sie gleich angefasst hat, als sie an seinem Bein entlang rieb. Kurzum: Aggressives Verhalten, das aus Körperkontakt zwischen Mensch und Katze entsteht, resultiert häufig entweder aus einem Missverständnis darüber, wie viel Nähe gerade erwünscht ist oder daraus, dass wir Menschen die oft kleinen und subtilen körpersprachlichen Botschaften übersehen (oder gar nicht kennen), die die Katzen uns senden. Geschieht dies häufiger, kann ein Automatismus entstehen: Die Katze versucht gar nicht mehr mit uns zu kommunizieren, weil es ja ohnehin sinnlos ist, und schlägt oder beißt dann tatsächlich ohne Vorwarnung. Doch auch dieser Missverständniskreislauf lässt sich durchbrechen (siehe Abschnitt *Missverständnisse beim Streicheln*).

„Miau?!" – „Willst du schon wieder was fressen?!"

Viele Katzen futtern wirklich gerne und freuen sich jederzeit über eine kleine Leckerei. Das heißt aber umgekehrt nicht, dass sie sich für nichts anderes interessieren. Denken wir Menschen so eindimensional und bieten immer und ausschließlich etwas zu fressen an, wenn unser Tiger uns anmauzt, lässt er sich wahrscheinlich auf dieses Spielchen ein und erwartet irgendwann gar nichts anderes mehr. Sind wir aber aufmerksam und kreativ, lassen wir uns von der Katze an den Ort ihrer Wahl führen und versuchen wir zu verstehen, was sie uns sagen möchte, können wir entdecken, dass die Wünsche und Bedürfnisse in verschiedenen Situationen vielfältig sind: Es kann um Kuscheln, Bürsten, spezielle Spiele, Clickern, Tür öffnen oder gemeinsame Spaziergänge draußen gehen. Manchmal ist einfach nur bewunderndes Zuschauen gefragt, wenn eine Klettersäule heroisch erklommen oder Teppichkanten nach allen Regeln der Kunst gemetzelt werden.

„Katzen sind nicht erziehbar."

Das Klischee der „Nichterziehbarkeit" könnte bei näherem Hinsehen nur aufrechterhalten werden, wenn eine Katze für keine einzige Trainingsmethode zugänglich ist oder wenn sie gar nicht lernen kann. Bei einer gesunden Katze können wir letzteres auf jeden Fall ausschließen, da wir beobachten können, dass sie auf verschiedene Reize und Signale reagiert und Probleme löst: Katzen lernen, wann und wo sie eine gute Chance auf eine Mahlzeit haben, wie sie ihren Menschen auf sich aufmerksam machen und zu verschiedenen Handlungen bewegen können, wie Katzenklappen funktionieren, wo die gemütlichsten Schlafplätze sind, dass sie ein verschwundenes Leckerchen wieder hervorangeln können, welche Gefahren es zu vermeiden gilt und so weiter und so fort. Der Knackpunkt liegt also offenbar in der Erziehungs- bzw. Trainingsmethode, die zum Einsatz kommt. Viele traditionelle „Erziehungsmaßnahmen" sind eher grob und/oder laut und haben das unerwünschte Verhalten im Fokus. Diese Erziehungsversuche führen leicht zu einer verunsicherten Katze, die nicht weiß, wie sie sich verhalten soll, und die beginnt, ihrem Menschen zu misstrauen. Eine weitere Schwierigkeit besteht aber sicherlich auch darin, dass viele Katzenhalter sich noch nicht systematisch mit der Frage beschäftigt haben, wie Lernen und damit Erziehung überhaupt funktionieren. Eine Katze kann uns beim besten Willen zum Beispiel auch unter Einsatz der besten und fortschrittlichsten Trainingsmethoden nicht verstehen, wenn unser Timing nicht stimmt. Nur wenn wir wirklich klar und vertrauenswürdig sind, hat unsere Katze die Chance zu lernen, was sie auf unseren Wunsch lernen soll.

Wie das Lernen funktioniert und wie wir für möglichst nebenwirkungsfreie Lernerfahrungen sorgen können, wird im Kapitel *Musterschüler auf vier Pfoten: Lerntheorie* thematisiert. Vorher begeben wir uns aber noch einen Schritt weiter in die Katzenperspektive und widmen uns ihren Grundbedürfnissen.

Happy Miez? Ausdruck von Emotionen in Körpersprache und Verhalten

Gefühle und Stimmungen spiegeln sich im Verhalten und im Ausdruck wider, insbesondere in der Körpersprache der Katze. Wenn wir unsere Katzen unauffällig, aber genau beobachten, können wir einiges über ihr aktuelles und generelles Wohlbefinden herausfinden. Wie verhält sich eine glückliche Katze? Woran kann man erkennen, dass die gute Stimmung gerade kippt? Und was können Anzeichen dafür sein, dass die Stimmungsskala der Katze großen Spielraum zur Verbesserung anzeigt?

Die glückliche Katze

Je nach Alter, Temperament und Lebensumständen gibt es deutliche Unterschiede in Verhalten und Vorlieben von ausgeglichenen und zufriedenen Katzen. Bei der Bewertung gilt es also immer, das Individuum zu betrachten. Allgemeingültig kann man aber feststellen, dass eine glückliche Katze insgesamt aktiv und neugierig durch das Leben geht. Sie nimmt Anteil am Familienleben, wie auch immer ihre Menschen- und Katzenfamilie aussieht, und unterhält freundschaftliche Beziehungen. Sie bewegt sich entspannt durch alle ihr zur Verfügung stehenden Zimmer und nutzt eine ganze Reihe von verschiedenen Liege-, Beobachtungs- und Schlafplätzen. Neue Gegenstände werden neugierig in Augenschein genommen und erkundet. Neue Situationen entweder sofort als gegeben hingenommen oder zunächst aus einiger Entfernung, aber ohne allzu große Aufregung geprüft. Die glückliche Katze schläft genüsslich auch in geöffneten Körperhaltungen und lässt sich dabei nicht durch die normalen Alltagsgeräusche stören. Wenn sie wach ist, bewegt sie sich manchmal katzentypisch elegant und bewundernswert leise. Aber es gibt auch Momente, in denen sie laut durch die Wohnung tobt, sich irre über den Boden kugelt, wild am Kratzbaum

kratzt und alles in allem nicht zu überhören ist. Kurzum: Miez hat alberne Momente. Katzen, die mit sich und der Welt im Reinen sind, haben in der Regel Spaß an Jagdspielen. Und sie machen in einem gesunden Maß auf ihre Bedürfnisse aufmerksam, holen sich Streicheleinheiten ab, wollen zur Balkontür rausgelassen werden, zetteln ein Spiel an oder bitten in die Küche.

Ausgeglichene Katzen haben seidiges, glatt anliegendes Fell am ganzen Körper. Aufgestellte Haare gibt es höchstens in überdrehten Spielsituationen oder akuten Stresssituationen (z.B. mit der Nachbarkatze). Ihre Pupillen sind den Lichtverhältnissen angepasst, also im Hellen schmal und mit zunehmender Dunkelheit weiter werdend. Ganz groß werden die Pupillen nur in dem kurzen Moment, unmittelbar bevor die Katze sich auf ihre Beute stürzt. Ihre Ohren sind entweder konzentriert und sehr aufrecht auf eine Situation gerichtet oder, wenn gerade Gemütlichkeit angesagt ist, sind sie ganz leicht zur Seite geneigt, wobei die Öffnung weiterhin nach vorne zeigt. Im Ruhestand ist der Körper der entspannten Katze geschmeidig, die Muskeln weich. Der Schwanz ist in Bewegung, wenn die Katze etwas beobachtet, aber sonst hält sie ihn vergleichsweise ruhig.

Dass etwas nicht so richtig richtig ist, kann man meistens am Verhalten und an der Körpersprache der Katze erkennen. In manchen Situationen ist die Katze allerdings so unauffällig, dass es eher das Fehlen der Merkmale für Glück und Zufriedenheit ist, das uns den entscheidenden Hinweis gibt.[13] Katzen unterscheiden sich nicht nur in ihrem Ausdruck von Ausgeglichenheit, sondern genauso drücken sie je nach Typ auch eher negative Stimmungen unterschiedlich aus. In einigen kann man lesen wie in einem offenen Buch. Bei anderen, besonders bei introvertierten Katzen gilt es, kleinste Zeichen wahrzunehmen. Mit den folgenden Abschnitten möchte ich Ihnen ein kleines Raster an die Hand geben, das die Einschätzung der Stimmung erleichtern kann.

---

[13] Bitte denken Sie immer daran, dass auch körperliche Beschwerden zu Stimmungsveränderungen mit den in diesem Kapitel beschriebenen Anzeichen in Verhalten und Körpersprache führen können.

Es liegt was in der Luft – Anzeichen in der Körpersprache

Wenn eine Katze in einen inneren Aufruhr gerät, zeigt sie klare körperliche Anzeichen. Diese werden von der Katze nicht absichtlich gezeigt, sondern stellen eine physiologische Reaktion auf die Gefühle der Katze dar. Für uns werden sie in erster Linie in den Augen und am Fell der Katze sichtbar. Verspürt eine Katze Angst oder starke Unsicherheit, weiten sich ihre Pupillen ganz unabhängig von der Helligkeit der Umgebung. In größter Not scheinen die Augen komplett schwarz, von der farbigen Iris ist so gut wie nichts mehr zu sehen. Die Augenform wirkt kugelrund und groß. Es ist aber auch möglich, dass die Katze auffällig langsam blinzelt, um ihr Gegenüber (sei das Mensch oder Katze) zu beschwichtigen, oder die Augen während eines Angriffs eher zusammenkneift. Eine ängstliche Katze wird zudem mit hoher Wahrscheinlichkeit am ganzen Rumpf, insbesondere im Rückenbereich leicht oder stark aufgestelltes Fell haben. Sie sehen dann insgesamt struppig aus.[14] Die Haare am Schwanzansatz sind vermutlich gespreizt, möglicherweise sind sie auch am ganzen Schwanz stark aufgeplustert.

Empfindet die Katze hingegen mehr Unruhe, Ärger und Wut als Angst, bleiben die Pupillen eher in Normalgröße (bei höchster Wut werden sie sogar besonders schmal). Das obere Augenlid bildet dabei manchmal eine eher gerade, aber schräg liegende Linie. Auch diese Stimmung drückt sich im Fell aus: Häufig erkennt man einen „Irokesen“ in Form eines linienförmig aufgestellten Fellkamms entlang der Wirbelsäule. Zusätzlich ist meist wieder der unmittelbare Schwanzansatz etwas aufgeplustert, der Schwanz insgesamt wirkt aber normal dünn.

Zusätzlich zu diesen rein physiologischen Reaktionen können uns Ohren und Schwanz Aufschluss darüber geben, was gerade in der Katze vorgeht. Die eher verärgerte und wütende Katze wird ihre Ohren so drehen, dass die Rückseiten nach vorne zeigen. Die Ohren sind dabei aber in aufrechter und damit gut sichtbarer Position. Dies gehört zur klassischen Angriffsdrohung. Je größer die Angst der Katze wird, desto enger werden die ge-

[14] Manchmal kommt es einem so vor, als habe eine Katze einfach „eine unruhige Fellstruktur“, als würde das zu ihr gehören. Dauerhaft struppiges Fell deutet aber so gut wie immer darauf hin, dass die Katze entweder ein unerkanntes gesundheitliches Problem hat oder unter chronischer Anspannung leidet.

drehten Ohren an den Kopf angelegt. Bei einer panischen Katze sind die Ohren meist kaum noch sichtbar. Ähnliches gilt übrigens im Prinzip auch für die Schnurrhaare: Bei Selbstsicherheit (sowie bei freudiger Anspannung, etwa bei der Jagd) sind diese weit gespreizt und nach vorne gerichtet. Ist die Miez verunsichert, hält sie ihre Schnurrhaare eher eng am Kopf, so dass sie nach hinten zeigen. Gleiches gilt für den Schwanz, den sie ganz eng um den Körper schmiegt oder – völlig verzweifelt – sogar unter den Bauch zieht. Die wütend gestimmt Katze hingegen wird ihren Schwanz vermutlich peitschen lassen.

Im echten Leben sind nicht alle Situationen und alle Emotionen immer ganz eindeutig. Je nachdem, wie eine Situation sich gerade entwickelt, kann die Katze in schnellem Wechsel zwischen Angst und Wut hin und her schwanken. Dies drückt sich dann durch Veränderungen in der gerade beschriebenen Körpersprache, aber auch im Verhalten aus.

Anzeichen von Anspannung und Angst im Verhalten

Denn natürlich haben die Gefühle einer Katze auch Einfluss darauf, wie sie sich in einer konkreten Situation verhält bzw. insgesamt durchs Leben geht. Akute und konkrete Angst vor etwas Bestimmten führt in der Regel dazu, dass die Katze versucht, die Distanz zwischen sich und dem Angst auslösenden Reiz zu vergroßern. Dies kann entweder durch Flucht geschehen oder dadurch, dass die Katze zwar an Ort und Stelle verharrt, aber insgesamt in ihrer Haltung eine Rückwärtstendenz zeigt. Sie lehnt sich zurück und/oder macht sich eher klein. Sind Angst oder Unsicherheit ein alltäglicher Begleiter der Katze, wird sie insgesamt recht schreckhaft sein. Sie wird nicht unbedarft durch die Wohnung schlendern, sondern die meiste Zeit auf der Hut sein. Sie geht nicht einfach in ein Zimmer hinein, sondern guckt erst einmal vorsichtig um die Ecke. Häufig schränken sich Angstkatzen in ihren Gewohnheiten und in ihrem Lebensraum sichtbar ein (oder werden eingeschränkt): Sie nutzen nur wenige Plätze, meiden andere Plätze und sogar ganze Räume. Insgesamt wirken sie zurückgezogen. Sie spielen wenig oder lassen sich ganz leicht unterbrechen. Katzen mit chronischer Angst vor bestimmten Situationen oder Mitbewohnern werden oft zu Leisetretern. Sie wollen so wenig wie möglich auf sich aufmerksam machen.

An dieser Stelle kann das Verhalten einer Angstkatze der einer depressiven Katze ähneln. Tatsächlich entstehen aus chronischer Angst nicht selten Depressionen, und umgekehrt gehen depressive Verstimmungen oft mit Ängsten einher. Wir haben es dann mit einer wirklich nahezu komplett passiven Katze zu tun. Sie macht nicht mehr auf ihre Bedürfnisse aufmerksam und lässt sich auch nicht mehr für ihre einstigen Lieblingsbeschäftigungen begeistern.

In konkreten Bedrohungssituationen teilen sich ängstliche Katzen in zwei Typen. Die einen wehren sich so gut wie gar nicht, wenn sie angegriffen werden. Sie fauchen und schreien vor Angst, heben aber maximal eine Pfote zur Verteidigung. Sie versuchen einfach nur, der Situation zu entkommen oder warten darauf, dass diese von alleine aufhört. Möglicherweise setzen sie vor lauter Angst Urin oder Kot ab. Die anderen hingegen beginnen um ihr Leben zu kämpfen, wenn Flucht nicht mehr möglich ist. Ein solcher Angriff, der Selbstverteidigung pur darstellt, erfolgt ungehemmt und ist für das Gegenüber entsprechend gefährlich. Schon aus reinem Selbstschutz sollten wir es tunlichst vermeiden, eine Katze zu ängstigen oder in die Enge zu treiben.

Einen Sonderfall im Verhalten stellen Katzen dar, die Ängste aufgrund von für sie zu eingeschränkten Lebensbedingungen entwickeln. Besonders häufig ist das anzutreffen bei schlecht sozialisierten, mit Freigang aufgewachsenen Katzen, die in der Wohnung gehalten werden. Diese Katzen entwickeln Unruhezustände und wissen scheinbar nicht, wohin mit sich. Sie neigen ebenfalls zu Schreckhaftigkeit, ziehen sich aber weniger zurück, sondern pilgern über lange Phasen immer wieder unruhig durch die Wohnung, laufen die Reviergrenzen ab, mauzen meist dabei und scheinen buchstäblich an Fenstern und Türen zu rütteln. Neben defensiven Aggressionen kommt es bei diesen Katzen nicht selten auch zu frustrationsbedingter Aggression gegen ihre Mitkatzen oder uns Menschen. Körpersprache und Verhalten lassen dann also nicht unmittelbar auf die dahinter liegende Angst schließen.

Frustrierte, verärgerte und dabei selbstsichere Katzen sind sichtbar. Sie bewegen sich entweder normal durch die Wohnung oder machen sich noch besonders groß, indem sie ihre Hinterbeine durchdrücken. Weder verstecken sie sich, noch bemühen sie sich, besonders leise und unauffällig zu sein. Sie nehmen möglicherweise sogar zentrale Plätze ein, von denen aus sie die anderen Haushaltsmitglieder gut beobachten und in akut schlechter Stimmung vor allem perfekt fixieren können. Auf dieses Drohfixieren folgt nicht selten das Vertreiben der Mitkatze von ihrem Platz oder eine kurze Attacke, wenn die Mitkatze den Fehler macht, in Reichweite zu kommen. Auch wir Menschen bekommen dann manchmal schnell im Vorbeigehen einen Pfotenhieb ab. Manchmal hat es den Anschein, als würde eine wütende Katze ganz gezielt auf der Suche nach potentiellen Blitzableitern durch die Wohnung laufen. Entsprechend geht eine ärgerliche oder wütende Stimmung häufig auch mit einer erhöhten Unruhe einher. In einer akuten Auseinandersetzung mit einer anderen Katze ist die ärgerliche Katze eher in einer Vorwärtsbewegung. Sie ist diejenige, die die Distanz verringert, beim Starrduell den Blick nicht abwendet und garantiert auch nicht blinzelt, und im Zweifelsfall mit vollem Körpereinsatz angreift.

Eine Katze, die dauerhaft unter Anspannung steht, wird möglicherweise ähnlich wie eine ängstliche Katze die schönen und entspannten Katzenaktivitäten reduzieren. Manchmal fungiert Spiel als mäßig gut funktionierendes Ventil: Die angespannte Katze übertreibt beim Spielen, springt auf den kleinsten Reiz an, meuchelt und zerfetzt jede Spielbeute. Sie geht dabei über ihre eigenen körperlichen Grenzen und hat oft große Schwierigkeiten, wieder zur Ruhe zu kommen und zu entspannen. Andere dauerhaft angespannte Katzen können sich auf selbstvergessenes Spiel und Albernheiten gar nicht einlassen, gleiches gilt für gemütliche Schmusestunden.

Zwischentöne

Uns Menschen fällt es meist leichter, die deutlicheren Ausdrucksweisen unserer Katze wahrzunehmen. Es ist aber erstrebenswert, dass wir schon die Stimmungsnuancen bemerken. Wenn wir erkennen, dass die Laune unserer Katze gerade auf der Kippe steht oder sie offenbar nicht ihren besten Tag hat, dann haben wir die Chance, frühzeitig darauf zu reagieren. Wir können uns folglich in unserer Beziehung zur Katze als höfliche und umsichtige Gefährten erweisen oder unsere Katzen in einem harmonischen Miteinander unterstützen. Wie können also die kleinen, eher leise daher kommenden Indizien in der Körpersprache und im Verhalten aussehen?

In Beziehungen, egal ob Katze-Mensch oder Katze-Katze, kommt es häufig zur Ungleichzeitigkeit von Bedürfnissen. Die typische bzw. für viele Katzen etwas unangenehme Rollenaufteilung ist dabei die, dass eine Situation für die Katze zu eng, zu nah, zu heftig, zu viel wird. Es gibt verschiedene Signale, die uns zeigen, dass eine Katze gerade eine Vergrößerung der Distanz wünscht bzw. gar nicht in Kontakt treten möchte: Ein klares Anzeichen ist zunächst das Fehlen jeder Eigeninitiative zur Kontaktaufnahme oder zum Aufrechterhalten des Kontakts. Die Katze verhält sich in diesem Fall völlig passiv. Sie bewegt sich in der Regel nicht oder kaum. Statt uns anzuschauen, weicht sie dem Blickkontakt aus und wendet vielleicht den

Kopf sichtbar ab. Sie schmiegt sich nicht an die streichelnde Hand und schnurrt nicht. Die Katze wirkt eher etwas starr als gemütlich entspannt, d.h. ihr Körper fühlt sich nicht weich und nachgiebig, sondern relativ fest an. Unsere Katze ist in diesen Momenten zwar körperlich in unserer Nähe, aber ansonsten hat sie sich gerade in ihre innere Katzenwelt zurückgezogen und wünscht sich ungestörte Ruhe. Fairerweise sollten wir der Katze in diesem Moment also Raum und Zeit für sich geben, anstatt zu ihr hinzugehen und sie zu bedrängen. Näheren Kontakt sollten wir nur dann herstellen, wenn unsere Katze uns dazu einlädt.

Natürlich kommt es vor, dass eine Katze ihren Menschen oder eine Mitkatze zunächst freudig begrüßt und gerne für eine Schmusestunde zu haben ist. Genauso natürlich ist es aber auch, dass die Beteiligten nicht immer gleich lange und gleich intensiv kuscheln mögen. Katzen zeigen beginnendes Unbehagen meist durch kleine Zeichen, bevor sie die große Keule rausholen: Ihr eigenes Verhalten wandelt sich vom Aktiven ins Passive, statt sich anzuschmiegen und zu räkeln, werden sie bewegungslos. Die Körperspannung nimmt zu, häufig wird eine etwas geschlossenere Körperhaltung eingenommen, der Kopf wie zum Schlafen abgelegt oder von uns abgewendet. Möglicherweise beginnt die Schwanzspitze zu zucken oder die Bewegungen des Schwanzes werden insgesamt intensiver und hektischer (falls die Katze dazu neigt, den Schwanz auch in freudiger Kuschelaufregung zu bewegen). Ein leicht zu übersehendes Signal ist ein sich seitlich oder nach hinten drehendes Ohr, das keinem Geräusch folgt. Diese Ohrenhaltung zeigt ebenso wie ein leises Schnaufen beginnende Verärgerung an. Einige Katzen versuchen durchaus konstruktiv aus der Situation auszusteigen, indem sie beginnen, sich der Körperpflege zu widmen. Andere stehen einfach auf und gehen, wenn es ihnen zu viel wird. Möchte die Katze aber gerne an ihrem schönen Platz verweilen und werden ihre subtilen Hinweise übersehen, könnte vor der Selbstbehauptung mit Tätlichkeiten noch ein letzter Warnhinweis erfolgen: das Anstarren der streichelnden Hand oder ein fixierender Blick direkt in die Augen. Spätestens jetzt sollte der gerade als aufdringlich empfundene Mensch oder Katzenkumpel höflich und respektvoll auf Abstand gehen.

Jenseits von Nähesituationen gibt es weitere Indizien dafür, dass eine Katze gerade nicht bester Stimmung ist, auch wenn sie vielleicht von Stimmungsextremen noch weit entfernt ist. Allgemein kann man sagen, dass wir „hellhörig“ werden sollten, wenn unsere Katze sich untypisch zurückzieht. Das kann sich dadurch bemerkbar machen, dass sie zum Beispiel die üblichen Rituale nicht einhält. Mag sie nicht spielen oder möchte sie nicht hinaus? Oder ist etwas, das sonst heiß begehrt wird, plötzlich nur noch wenig interessant? Hier sind wir also wieder am Anfangspunkt, nämlich bei den fehlenden Anzeichen für Glück, Entspannung und unbekümmerte Ausgelassenheit.

Das echte Leben

Natürlich wäre es wünschenswert, dass jedes Lebewesen jederzeit glücklich und zufrieden und ausgeglichen ist. Das ist allerdings unrealistisch und wir können nicht erwarten, dass unsere Katze wirklich jederzeit immer bester Laune ist und vergnügt durch die Gegend schnurrt. Auch Katzen stehen mal mit dem falschen Bein auf und haben etwas grummelige Tage. Und es kann immer mal etwas passieren, was der Katze Angst einjagt, sie verunsichert oder wütend macht. Unsere Aufgabe besteht darin, ein Auge darauf zu haben, dass die glücklichen und ausgelassenen Zeiten überwiegen, und schlechte Tage die Ausnahme bilden.

Das nächste Kapitel soll dabei helfen, mögliche Auslöser für Angst und Ärger, mögliche Widrigkeiten im Katzenleben zu identifizieren. Denn was wir erkennen und verstehen, können wir verändern.

Feline Bedürfnisse: Das braucht Ihre Katze zum Glück

Jede Katze ist ein Individuum mit eigenem Charakter, eigener Geschichte und eigenen Erfahrungen. Entsprechend entwickelt jede Katze ihre ganz besonderen Vorlieben, Abneigungen und Bedürfnisse, die sich im Laufe des Lebens allerdings verändern können, und bewegt sich auf dem ihr eigenen Aktivitätslevel. Wenn wir anerkennen, dass Katzen fühlende Lebewesen sind, sollte der Respekt für ihre Grundbedürfnisse als Katze sowie für ihre speziellen Bedürfnisse als Individuum eine Selbstverständlichkeit sein. In diesem Kapitel geht es um die Grundbedürfnisse, die in mehr oder weniger starker Ausprägung alle Katzen gemein haben.

Minirevier Wohnung

Die obigen Berechnungen zur Größe von Katzenrevieren und Katzendichte haben gezeigt, dass selbst eine komfortable Wohnung von 120 Quadratmetern aus Katzensicht noch recht klein ist, wenn sie den ausschließlichen Lebensraum des kleinen Tigers darstellt. Die alles entscheidende Frage, die sich daraus ergibt, ist: Wie können wir dieses Minirevier so gestalten, dass es unseren Katzen darin trotz der Begrenzung richtig gut geht? Dafür gibt es eine bunte Palette von Ansatzpunkten, die von der Auswahl und Anzahl der Katzen über die geschickte Gestaltung der Wohnung bis zu durchdachten Beschäftigungsstrategien reicht. Bevor wir diese näher beleuchten, prüfen wir kurz, ob Freigang nicht die beste und einfachste aller Lösungen wäre.

Freigang – Lösung für alles?

Der naheliegende Gedanke zur Lösung des Problems der Enge in menschlichen Wohnungen (und auch anderer Schwierigkeiten) ist wahrscheinlich, der Katze einfach Freigang zu gewähren. Die Katze kann dann kommen und gehen wie sie will, kann auf ausgiebige Erkundungstouren gehen und sich als Jägerin betätigen. Wenn sie es wünscht, kann sie soziale Kontakte mit den Katzen aus der Nachbarschaft eingehen. Leider ist das im wahren Leben aber alles nicht immer so einfach. Wer in einer Etagenwohnung oder in einer verkehrsreichen Umgebung lebt, kann die Katze aus organisatorischen oder sicherheitstechnischen Gründen nicht hinauslassen. Hinterhöfe und von Häusern umschlossene Gärten können eine sichere Alternative zu echtem Freigang darstellen. Allerdings findet man gerade in Großstädten kaum einen Hinterhof, in dem nicht bereits eine oder mehrere Katzen ihre Revierclaims abgesteckt haben und ihren Bereich entsprechend verteidigen. Die relative Enge führt dort nicht selten zu heftiger territorialer Aggression, der nicht jede Katze selbstbewusst und mutig entgegentreten kann. Auch in ländlichen Nachbarschaften kann es für eine Katze schwierig werden, unbeschadet draußen unterwegs zu sein, wenn es eine große (unkastrierte) Katzenpopulation gibt. Selbst wenn Freigang also theoretisch möglich wäre, kann es sein, dass eine Katze entscheidet, dass es draußen zu gefährlich ist, um sich von der Terrasse herunter zu wagen. Eine insgesamt sehr ängstliche und schreckhafte Katze traut sich vielleicht auch dann nicht vor die Tür, wenn sie weit und breit die einzige Katze ist. Das große Draußen, der freie Himmel, die fremden Menschen und die vielen, völlig unbekannten Gefahren sind für manche Katzen einfach zu viel. Schließlich gibt es noch einen weiteren Faktor, der die Katze manchmal als höhere Gewalt vom Freigang zurückschrecken lässt: Das Wetter. Langanhaltender oder besonders heftiger Regen sowie Schnee und Eis lassen viele weniger hartgesottene Katzen lieber drinnen im Warmen bleiben.

Sind wir in den Fällen, in denen eine Katze zwar Freigang genießen könnte, diesen aber aus freier Entscheidung heraus nicht nutzt, aus dem Schneider? Die unbequeme Antwort lautet: nein. Geht es um einzelne Tage oder überschaubare Zeiträume, in denen eine Katze mal nicht nach draußen kann, sollten wir ihr diese Zeit drinnen durch Spiel und Beschäftigung versüßen. Verweigert eine Katze den Freigang, weil sie ihn als zu bedrohlich empfindet, können wir versuchen, ihr bei der Überwindung ihrer Ängste sowie durch Schutz vor realen Gefahren zu helfen. Auseinandersetzungen mit anderen Katzen können z.B. durch eine katzensichere Umzäunung des Grundstücks vermieden werden. Manchmal ist es möglich, mit den benachbarten Katzenhaltern eine Vereinbarung zu treffen, welche Katze wann hinaus darf.

Kann oder will eine Katze dauerhaft nicht nach draußen, sollten wir ihr so viel sicheres „Draußen" wie nur möglich anbieten. Der Zugang zu einer Terrasse oder einem Balkon ist dabei unbedingt wünschenswert. Die gewissenhafte Sicherung des Balkons durch Katzennetze sollte eine Selbstverständlichkeit sein, aber zu meinem großen Erstaunen ist sie das leider häufig nicht.

Es ist ein Ammenmärchen, dass Katzen Stürze vom Balkon immer unbeschadet überstehen. Stattdessen sind häufig Brüche von Bein-, Hüft- und Kieferknochen die Folge, daneben kann es zu Schockzuständen und Verkehrsunfällen kommen. Die Unglückskatzen springen übrigens in aller Regel nicht vom Balkon, sondern sie rutschen aus, vertreten oder verschätzen sich oder vergessen einfach, wo sie sind, wenn sie z.B. gerade einer Fliege nachjagen. Sie alleine haben es in der Hand, Ihre Katze davor zu bewahren. Würden Sie Ihr kleines Kind alleine auf einem ungesicherten Balkon lassen? Bitte schützen Sie Ihre Katze vor einem Sturz vom Balkon und den möglichen Folgen. Ist der Balkon gesichert, können Sie ihn richtig schön katzengerecht gestalten – ein kahler Betonboden lädt nämlich nicht zum Verweilen ein. Bieten Sie stattdessen Beobachtungsplätze auf verschiedenen Ebenen an, teils im Schatten, teils in der Sonne. Mehrere Blumentöpfe mit ungiftigen Pflanzen locken jagdbare Insekten an und dienen der Katze als Tarnung für ausgiebige Beobachtung des Geschehens jenseits des Balkons oder der Terrasse.

Sind weder Balkon noch Terrasse vorhanden, braucht die Katze auf jeden Fall Zugang zu verschiedenen Fenstern, von denen aus sie die Umgebung studieren kann. Wenn irgendwie möglich, schaffen Sie eine sichere Möglichkeit für Ihre Katze, am offenen Fenster zu sitzen und so die Gerüche und Geräusche der Welt draußen aufnehmen zu können. Ein Weg dafür ist z.B. das Einsetzen eines mit Drahtgitter oder Katzennetz bespannten Holzrahmens in das geöffnete Fenster. Die Steigerung wäre ein in das offene Fenster gehängter Katzenbalkon. Anregungen für die Konstruktion solcher Fenstersicherungen und Katzenbalkons findet man im Internet.

Ausgeklügelte Wohnungsgestaltung – die dritte Dimension

Gesicherter Freigang, extra konstruierte Katzengehege sowie eingenetzte Balkons oder Terrassen vergrößern das Minirevier Wohnung. Was können wir nun im Haus, in der Wohnung tun, damit es sich für die Katze größer anfühlt?

Das A und O ist der Zugang zur dritten Dimension – wenn Sie mit Katzen leben, müssen Sie in 3D denken. Geben Sie Ihrer Katze so viele Gelegenheiten wie nur irgendwie möglich, sich nicht auf dem Boden, sondern in größerer Höhe aufzuhalten und zu bewegen. Ein deckenhoher Kratzbaum, schön zentral platziert, sollte das Minimum darstellen. Am einfachsten ist es oft, wenn wir es der Katze ermöglichen, unsere Möbel mit zu nutzen: Kommoden, Tische, Schränke und Kleiderschränke, Regale sowie Fensterbänke sind oft fantastische Beobachtungsplätze. Voraussetzung dafür ist natürlich, dass dort wirklich etwas Platz für die Katze ist und sie diese Orte auch leicht erreichen kann. Je nach Aktivitäts- und Fitnesslevel sowie in Abhängigkeit vom Gesundheitszustand der Katze ist es oft angesagt, ihr kleine Stufen zu bauen, die ihr das Auf- und Absteigen erleichtern oder überhaupt erst ermöglichen. Ein kleines Brettchen oder ein überlegt platzierter Stuhl können eine große Hilfe darstellen. Neben diesen doppelt genutzten Möbeln können Sie für Ihre Katze auch weitere Kratzbäume, Regaltreppen und Hängematten, Kletter- und Kratzsäulen[15] sowie richtige „Catwalks“ montieren, auf denen sich die Katze durch den Raum bewegen kann.

---

[15] Kratzsäulen lassen sich mit stabilen Papp- oder Plastikrohren und Teppichstücken einfach und günstig selber bauen. Senkrecht montiert können Sie als „Baumstamm“ zum Hochklettern dienen, diagonal oder waagerecht angebracht als Aufstieg oder Laufsteg.

Um geschützte Schlafplätze zu kreieren, können Sie die Nische auf dem Kleiderschrank oder das freie Plätzchen im Regal mit einem Stück Teppich, einer Decke oder einem Katzenbettchen ausstatten. Diese kleben Sie am besten mit doppelseitigem Klebeband fest, damit die Katze nicht abrutschen und abstürzen kann. Alle glatten Flächen, die der Katze als Absprung- oder Landefläche dienen, sollten so oder auf ähnliche Weise rutschsicher gemacht werden.

Im Mehrkatzenhaushalt ist es erforderlich, jeden wirklich hohen zugänglichen Platz über zwei Wege zugänglich zu machen. Auf diese Weise gibt es immer einen Fluchtweg, wenn der Hauptweg durch eine Mitkatze versperrt wird.

Je mehr erhöhte Plätze und Wege einer Katze zur Verfügung stehen, desto größer und attraktiver ist für sie das Minirevier Wohnung. Sie kann von verschiedenen Beobachtungsposten aus das Geschehen aus verschiedenen Perspektiven betrachten. Die Katze gewinnt Sicherheit durch eine erhöhte Anzahl von Rückzugsmöglichkeiten[16], außerdem kann sie sich aus erhöhter

[16] Studien haben gezeigt, dass mit der Bereitstellung von guten Rückzugsmöglichkeiten das Ausmaß von Stressreaktionen auf der Verhaltensebene messbar sinkt;

Position sehr viel besser gegen mögliche (reale, gefühlte oder potenzielle) Gefahren verteidigen (vgl. *My home is my castle: Privatsphäre, Ruhe und Sicherheit*). Vor allem aber kann die Miez mehr Wege und Strecken zurücklegen und verfügt über zusätzliche Revierabschnitte, die es zu erkunden und untersuchen gilt. Im Kapitel *Beschäftigung* werden Sie erfahren, wie Sie Ihre Katze gegebenenfalls dazu motivieren können.

Tabuzonen?

In vielen Katzenratgebern wird empfohlen, in der Wohnung Tabuzonen einzurichten, die für die Katze nicht oder nur sehr selten zugänglich sind. Es wird argumentiert, dass Katzen sich draußen aufgrund von Häuserwänden und Zäunen oder territorialen Nachbarkatzen nicht komplett frei bewegen könnten. Das Versperren des Zugangs imitiert somit Frustrationssituationen, wie sie im „wahren Leben" ebenfalls auftreten würden. Das seltene und kurzzeitige Gewähren von Zugang zu den Tabuzonen stellt dann ein aufregendes Highlight im Wohnungsalltag dar.

Mir erscheint dieser Ansatz problematisch. Auch wenn Freigängerkatzen tatsächlich nicht völlig frei in der Wahl ihrer Wege und Aufenthaltsorte sind – wie können wir das Revier einer Katze mehr einschränken als dadurch, dass wir sie in eine Zwei-, Drei oder Vierzimmerwohnung sperren? Ich halte es für grob fahrlässig, in dieser Enge die Küchentür zu schließen, damit die Katze nicht auf die Arbeitsplatte springt, und das Schlafzimmer zuzumachen, damit keine Haare ins Bett kommen. Wie aus dem vorherigen Abschnitt hervorgeht, sollten meiner Meinung nach auch sämtliche Möbel für die Katzen zugänglich sein. Selbst dann bestehen in der Wohnung ohnehin noch Tabuzonen: Die geschlossenen Schranktüren und Schubladen! Wenn wir diese öffnen, sind viele Katzen sofort zur Stelle, um den Inhalt dieser geheimnisvollen Zonen zu erforschen, und es spricht überhaupt gar nichts dagegen, unseren Katzen diese Abwechslung als unregelmäßiges Highlight zu gönnen.

---

vgl. Casey/Bradshaw (2007): The Assessment of Welfare, in: Rochlitz: The Welfare of Cats.

Aus praktischen Gründen und um in manchen Situationen die Sicherheit der Katze zu gewährleisten, kann man zeitlich beschränkte Tabuzonen erzeugen. Da Katzen untereinander ebenfalls zeitliche Nutzungsregelungen für Wege und Plätze ausmachen, verstehen sie solche Arrangements recht schnell. Der Esstisch wird z.B. zur Tabuzone, wenn der Mensch daran isst. Die Arbeitsplatte wird zur Tabuzone, wenn dort Essen zubereitet wird. Das Badezimmer kann für die wenigen Wasser liebenden Katzen zur Tabuzone werden, während der Mensch ein Bad mit für die Katze schädlichen Badezusätzen genießt. Wie man solche situativen Tabus freundlich aufbaut, wird im Abschnitt *Operante Gegenkonditionierung: Verhaltensänderung* erklärt.

Sollten Sie Schwierigkeiten mit dem Gedanken haben, dass Sie und Ihre Katze die gleichen Möbel nutzen, verschwenden Sie lieber nicht so viel Zeit und Energie auf die Wahrung der von Ihnen gewünschten katzenfreien Bereiche. Richten Sie Ihrer Katze stattdessen zahlreiche echte Katzenplätze zur legalen Benutzung ein, deren Attraktivität in Bezug auf Positionierung und Materialien die zu schützenden Möbel aussticht.

Wer mit wem? Auswahl von Katzen und wie viele?

Wie viele Katzen nun tatsächlich bedenkenlos gemeinsam in einer Wohnung oder in einem Haus leben können, ist von mehreren Faktoren abhängig und pauschal nicht leicht zu beantworten. Was sind entscheidende Voraussetzungen und Einflussgrößen?

Zusammenlebende Katzen müssen sich aus dem Weg gehen können. Eine Faustregel für die mögliche Zahl der Katzen lautet daher: Lassen Sie, unabhängig von der Quadratmeterzahl Ihrer Wohnung, maximal so viele Katzen bei sich leben, wie Zimmer vorhanden sind. Ob die Küche oder das Badezimmer dabei als zusätzliches Zimmer gezählt werden können, ist abhängig von deren Beschaffenheit. Wenn es darin einen spannenden Fensterplatz und eine kuschelige Schlafstelle gibt, z.B. eine Badematte auf Fußbodenheizung, oder in dem Raum wirklich toll gespielt werden kann, dann gelten auch Bad und Küche als „Zimmer". Teilt man das Leben mit Katzen, die kein großes Vertrauen in Menschen haben oder unter Ängsten leiden und entsprechend ein noch größeres Rückzugsbedürfnis haben, als ohnehin für Katzen typisch ist, sollte man eine neue Rechnung aufmachen: Für diese Katzen sollten nicht mehr Katzen *und* Menschen (und Hunde) im Haushalt leben, als Zimmer vorhanden sind. Nur auf diese Weise kann gewährleistet werden, dass die Miez auch mal ihrem Bedürfnis nachkommen kann, überhaupt niemanden zu sehen, weder Katze noch Mensch. Und das ist nur fair, denn – Hand aufs Herz – wir können manchmal auch ganz schön anstrengend sein.

Für die Auswahl einer Katze ist es natürlich elementar, dass zwischen Ihnen und dem Neuzugang der Funke überspringt. Je nachdem, wie jung oder alt die Katze ist, wollen Sie schließlich möglicherweise die nächsten 20 Jahre miteinander verbringen. Wenn Sie aber bereits mit einer Katze zusammenleben und diese mit einer weiteren Katze vergesellschaften wollen, dann ist es mindestens genauso wichtig, dass die beiden sich verstehen. Dafür gibt es leider nie eine Garantie, denn Katzen empfinden offenbar ähnlich wie wir spontan Sympathie oder Antipathie gegenüber anderen Lebewesen. Durch eine bedachte Wahl können wir aber die Chancen erhöhen, dass die zwei Tiger etwas miteinander anfangen können: Die beiden sollten sich auf einem ähnlichen Aktivitätslevel befinden, so dass sie entweder Spaß am gemeinsamen Spiel oder an gemeinsamen Gemütlichkeitsphasen entwickeln können. Das Bedürfnis nach Action, die Ausdauer beim Spiel sowie die Freude an körperbetontem Spiel sind häufig abhängig vom Alter und Geschlecht der Katzen. Junge Katzen und junge erwachsene Katzen können oft stundenlang spielen und reagieren engagiert auf die kleinste Aufforderung. Während Kater oft gerne etwas ruppiger und mit vollem Körpereinsatz spielen, bevorzugen Katzen meist Verfolgungsjagden mit Antippen. Das bedeutet: Holt ein Kater seinen Kumpel ein, springt er ihn wahrscheinlich an und es gibt eine Balgerei, bevor eine erneute Jagdsequenz beginnt. Erreicht hingegen eine Katze die gejagte Freundin, gibt sie ihr typischerweise einen eher sanften Pfotenhieb, bevor sie sich umdreht und als neues „Opfer" wegflitzt. Nicht wenige Kätzinnen werden durch das raue Spiel von Katern verunsichert, überfordert oder wirklich verängstigt. Die Kater verstehen dann die ganze Aufregung nicht – oder fühlen sich dadurch noch besonders angestachelt. Missverständnisse sind vorprogrammiert und beide kommen nicht zu ihrem Recht. Ausnahmen bestätigen natürlich die Regel.

Paarungen von älteren oder alten Katzen mit Jungspunden führen ebenfalls leicht zu Schwierigkeiten, weil die jeweiligen Bedürfnisse in der Regel weit auseinanderklaffen. Die Älteren möchten ruhiger, weniger und kürzer spielen, die Jüngeren wissen nicht wohin mit ihrer Energie und empfinden die Abweisungen als frustrierend. Bieten wir Menschen dann keine adäquaten und attraktiven Alternativen, kann eine gelangweilte junge Katze aus der Drangsalierung einer älteren ein regelmäßiges Spielchen werden lassen, an dem leider nur einer der Beteiligten Spaß hat.

Die besten Chancen hat man folglich in der Regel mit Katzen gleichen Geschlechts, die ungefähr im gleichen Alter sind und die gleichen Bedürfnisse und Vorlieben hinsichtlich Spiel und Ruhezeiten haben. Geschwister halten oft ein Leben lang besonders innige Beziehungen aufrecht. Wenn die Möglichkeit besteht, zwei miteinander verwandte oder bereits miteinander befreundete Katzen aufzunehmen, ist das oft sehr viel einfacher und harmonieträchtiger als die Zusammenführung erwachsener Katzen.

Die gerade dargestellten Grundregeln würden wohl viele Katzen als annehmbar und richtig unterschreiben. Aber es wird bestimmt einige geben, für die eine Zweizimmerwohnung mit großer Küche und tollem Bad im Zusammenleben mit einem Menschen und einer weiteren Katze schon viel zu eng wäre. Und einzelne andere, die so sozial sind, dass sie auch einen vergleichsweise engen Lebensraum problemlos mit weiteren Katzen, Hunden und Menschen teilen würden. Wie in so vielen Fragen ist es also notwendig, die eigenen Katzen als Individuen mit eigenen Bedürfnissen zu erkennen. Diese Bedürfnisse und Vorlieben sollten die maßgebliche Entscheidungsgrundlage für die mögliche Aufnahme weiterer kätzischer Mitbewohner bilden.

In den letzten Abschnitten haben wir uns mit Gestaltung des Minireviers Wohnung und mit der Zusammensetzung seiner Mitbewohner beschäftigt. Jetzt werden wir betrachten, was ein harmonisches Zusammenleben von Katzen bzw. von Katzen und Menschen fördern kann.

My home is my castle: Privatsphäre, Ruhe und Sicherheit

Eine Frage der Höflichkeit oder: Wahrung der Individualdistanz

Jede Katze hat, wie wir Menschen auch, eine persönliche Zone um sich herum. In diese Zone dürfen nur besonders vertraute und als freundlich empfundene Lebewesen, sei es Katze oder Mensch, „einfach so“ eintreten. Diese persönliche Zone erstreckt sich in einem gewissen Abstand um die Katze herum. Der Radius, also der Abstand zwischen der Katze und der Grenze des persönlichen Raums, wird auch als Individualdistanz bezeichnet. Die Individualdistanz unterscheidet sich von Katze zu Katze, ist aber auch abhängig von der jeweiligen Situation und der Beziehung zum Gegenüber. Für die meisten Katzen beträgt die Individualdistanz zwischen 80 und 120 cm.

Nähert sich ein Mensch oder eine Katze dem persönlichen Raum einer Katze, kann diese einladende oder abweisende Signale senden. Zu den einladenden Signalen gehören Gurren, Nase vorstrecken zum Initiieren der

Nase-Nase-Begrüßung, Schwanz senkrecht in die Luft strecken und ein entspannter, offener Blick bzw. deutliches Zublinzeln. Sitzt die Katze in einem recht engen Bereich, kann sie einer Mitkatze durch ein Abwenden des Kopfes bzw. entspannte Nichtbeachtung signalisieren, dass diese unbeschadet passieren darf. Erstarrt die Katze hingegen in ihrer Körperhaltung, dreht sie ein oder beide Ohren zurück oder fixiert sie den Ankömmling und fehlen gleichzeitig alle freundlichen Signale, sind das klare Anzeichen dafür, dass sie gerade Wert auf Wahrung der Distanz legt und kein Interesse an einem engeren Kontakt hat. Wird die Annäherung trotzdem fortgesetzt, wird die Katze je nach Charakter und Situation entweder passiv und unbeweglich in großer Anspannung verharren, selber (möglichst frühzeitig) den Platz verlassen, um die Distanz zu vergrößern oder deutlichere Abwehrbereitschaft bzw. Distanzierungsaggressionen zeigen. Zu letzterem gehören zum Beispiel Starren, Pfote heben zur Schlagandrohung, Knurren, Fauchen, Pfotenhieb und Anspringen.

Wie sensibel oder höflich die sich annähernde Katze auf die gesendeten Distanzierungssignale reagiert, ist sehr unterschiedlich und wiederum abhängig von Charakter, Situation und Beziehung zwischen den beiden. Je besser sich zwei Katzen verstehen, desto unproblematischer ist in der Regel das Unterschreiten der Individualdistanz. Ist ihre Beziehung hingegen eher von gegenseitiger Duldung als Freundschaft geprägt oder kommt es regelmäßig zu Spannungen zwischen ihnen, kann das versehentliche oder absichtsvolle Eindringen in die persönliche Zone zu Missverständnissen und Aggressionen führen.

Katzen können sich meist in deutlich größerer Nähe zueinander entspannt aufhalten, wenn sie eine physische Barriere zwischen sich haben. Diesen Umstand können und sollten wir nutzen, um durch kluge Strukturierung im Mehrkatzenhaushalt Spannungen zu vermeiden. Z.B. kann eine Fensterbank von zwei Katzen geteilt werden, wenn in der Mitte ein Blumentopf steht. Mehrere Sofakissen in der Mitte der Sitzfläche teilen das Sofa in verschiedene Zonen. Ein Stuhl im vergleichsweise engen Flur ermöglicht es, vor und hinter den Stuhlbeinen entlang aneinander vorbei zu gehen oder möglicherweise durch einen Sprung nach oben die Distanz zu vergrößern. Neben diesen „Platzteilern“ können Halter ihre Katzen im friedlichen Zusammenleben unterstützen, indem sie sie nicht zu Nähe zwingen (z.B. durch eng beieinander stehende Futternäpfe), sondern es ihnen stattdessen leicht machen, sich aus dem Weg zu gehen. Dazu sollten möglichst viele Räume und darin wiederum möglichst zahlreiche attraktive Schlaf- und Beobachtungsplätze zur freien Verfügung stehen.

Auch wir Menschen können uns in Bezug auf die persönliche Zone unserer Katzen höflich oder weniger höflich verhalten, vorausgesetzt natürlich, der Mensch nimmt die feinen körpersprachlichen Signale der Katze wahr und weiß sie zu interpretieren. Als zusätzliche Komponente kommt nicht selten die Frage hinzu, ob der Mensch seiner Katze das Recht auf einen persönlichen Raum und auf Nein-Sagen zu Nähe und Körperkontakt, also körperliche Selbstbestimmung zugesteht.

Schutz vor Ruhestörung

Wie wir Menschen auch brauchen Katzen ausreichend und guten Schlaf, um körperlich und psychisch zu regenerieren und gesund zu bleiben. Mit einer durchschnittlichen Schlafdauer von zwölf bis 16 Stunden verschlafen Katzen einen vergleichsweise großen Teil des Tages und der Nacht. Dies sollten sie so unbehelligt wie nur möglich tun können. In Haushalten mit mehreren Katzen, mit Hunden und vor allem mit Kindern ist der ungestörte Schlaf häufig keine Selbstverständlichkeit, sondern eher die Ausnahme, wenn die verantwortlichen erwachsenen Menschen nicht ein wachendes Auge darauf haben: Bitte bringen Sie Ihren Kindern bei, das Ruhebedürfnis Ihrer Katze zu respektieren und nicht zu ihr hinzugehen, wenn sie gerade schläft. Haben Sie einen verspielten und lustigen Hund, der gerne mal wild durch die Wohnung tobt, trennen Sie doch zum Beispiel einen Raum durch ein Kinderschutzgitter ab, auf dem Sie ein kleines

Brettchen als Sprunghilfe für Ihre Katze montieren. Diese hat so die Möglichkeit, sich in diesen Raum zurückzuziehen, in dem der Hund nicht sein (gar nicht böse gemeintes) Unwesen treiben kann. Auch in einem Mehrkatzenhaushalt, in dem Katzen mit sehr unterschiedlichen Temperamenten und Aktivitätslevels zusammengewürfelt worden sind oder in dem zwischen den Katzen starke Spannungen auftreten, kann ein eigener sicherer Rückzugsraum entlastend sein und ein bisschen Gelassenheit zurückbringen. Wenn wir Menschen nicht selber die Tür zu diesem Raum regelmäßig öffnen und schließen wollen, kann eine durch einen Chip gesteuerte Katzenklappe tolle Dienste leisten, die in die Zimmertür gesetzt wird. Diese Katzenklappen werden so programmiert, dass sie sich nur für eine (oder zwei) der Katzen öffnen und für alle anderen geschlossen bleiben.

Neben Räumen und Plätzen, an denen die Katze ungestörte Ruhe finden kann, schätzt die Katze die Wahl zwischen zahlreichen Beobachtungsplätzen, von denen aus sie das Geschehen draußen vor den Fenstern, aber auch die Aktivitäten ihrer verschiedenen kätzischen, hündischen, menschlichen und sonstigen Mitbewohner betrachten kann. Der Clou dabei ist: Sehen, ohne gesehen zu werden! Es wird Ihre Katze entzücken – und ihr unglaublich viel gefühlte Sicherheit geben – wenn sie in jedem Zimmer mindestens ein bis zwei getarnte Plätze vorfindet: Das kann ein Platz zwischen oder hinter zwei Blumentöpfen sein, ein halb durchsichtiger Vorhang, ein leerer Platz im Regal zwischen den Büchern, ein Karton oder ein Korb mit hohem Rand auf dem Boden, ein gemütliches Plätzchen auf dem Kleiderschrank oder eine Hängematte kurz unter der Zimmerdecke. Je nach Situation und Stimmung bevorzugen Katzen geschützte Plätze in Bodennähe oder aber in unterschiedlicher Höhe. Optimalerweise hat die Miez in jedem Raum die Wahl zwischen verschiedenen Optionen.

Größere freie Flächen in einem Zimmer, von uns Menschen meist als angenehmer freier Raum empfunden, können für Katzen eine Herausforderung darstellen. Auch Katzen, die sich in vertrauter Runde genüsslich mitten auf dem Wohnzimmerteppich räkeln und alle Pfoten in die Luft strecken, vermeiden oft das Durchschreiten solch offener Zimmerteile, sobald z.B. (fremde) Menschen zu Besuch sind. Sie bewegen sich dann nicht mitten durch den Raum, sondern eher entlang der Möbel und Wände und versuchen häufig, möglichst viel zwischen sich und die Quelle der möglichen Gefahr zu bringen. Die Katze ist in diesem Moment ganz verletzliches Beutetier und instinktiv auf ihre Sicherheit bedacht. Viele Katzen reagieren eher situativ auf wahrgenommene Gefahren, für manche ist ein andauerndes fehlendes Sicherheitsgefühl (leider) der Normalzustand. Eine Katze in einem Mehrkatzenhaushalt, die regelmäßig spielerisch erschreckt und gejagt oder mit ganz ernsten Absichten drangsaliert wird, wird sich ebenfalls schwer tun in Zimmern, in denen es viel freie Fläche gibt.

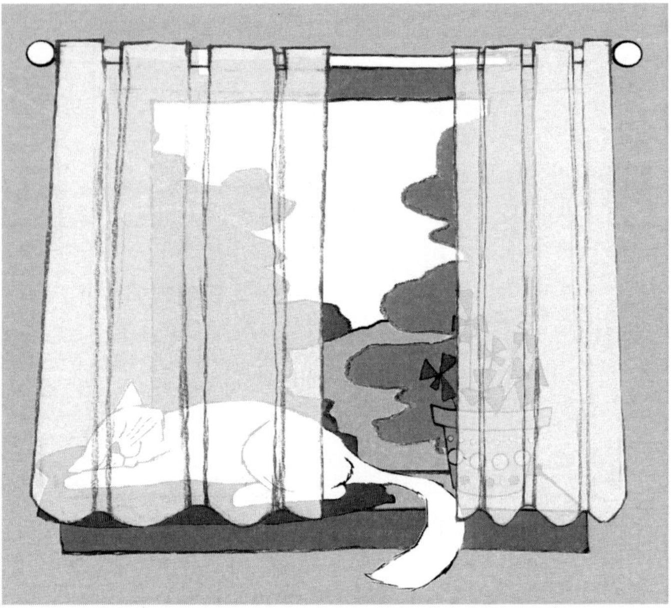

Wir können unseren Katzen in Bezug auf diese Unsicherheit mit einfachen Mitteln große Hilfestellung leisten, und zwar durch undurchsichtige Objekte, die wir in die Mitte des Zimmers stellen. Dies könnte eine Kratztonne sein, ein großes Kissen, ein Weidenkorb, ein Stuhl, Hocker oder Sessel, über den wir eine Decke bis auf den Boden hängen lassen. Solche Gegenstände ermöglichen es der Katze, von Tarnung zu Tarnung zu schreiten, auf diese Weise weniger sichtbar zu sein, unfreundlichen Mitkatzen besser aus dem Weg zu gehen und sich hinter, in oder bestenfalls auch auf diesen Objekten in Sicherheit bringen zu können.

Beschäftigung

Spiel

Die Möglichkeit zur Tarnung ist nicht nur für das Sicherheitsgefühl der Katze im Zusammenleben mit anderen Katzen (und vielleicht Menschen) von Bedeutung. Mindestens genauso wichtig ist sie in einem ganz elementaren Lebensbereich der Katze: bei Spiel und Jagd. Kann die Katze ihre Jagdkünste nicht im Freigang ausleben, stellt das Spiel die notwendige Alternative zum realen Beutefang dar. Eine spielende Katze lebt dabei nicht einfach nur angeborene Instinkte aus oder durchläuft roboterhaft bestimmte Reiz-Reaktions-Schemata. Ihr Spiel ist Ausdruck von Lebensfreude und Vitalität, von Wohlgefühl, Neugier und Abenteuerlust und hält die Katze bis ins hohe Alter beweglich und fit. Spielen ist mit Wohnungskatzen allerdings oft recht voraussetzungsreich. Während sie sich als junge Katzen in der Regel dankbar auf alles stürzen, was sich verdächtig bewegt, und damit unglaublich leicht zu bespielen sind, hören viele Katzen mit dem Spielen auf oder spielen nur noch gehemmt, lange bevor ihr greises Alter sie körperlich einschränkt. Woran liegt das und wie können wir das verhindern, natürlich vorausgesetzt, die Katze ist gesund?

Zwei Faktoren sind maßgeblich für anhaltendes lebendiges Spiel bis ins hohe Erwachsenenalter: Entspannung und Realitätsnähe. Nur eine Katze, die sich sicher fühlt, kann sich auf Jagd und Spiel einlassen. Die leckerste Beute nützt einem nichts, wenn man nicht lange genug lebt, um sie zu genießen. Sicherheit geht also vor. In der Wohnung gilt es deshalb, für die zurückhaltende Katze einen Rahmen zu schaffen, in dem sie sich entspannt und frei bewegen kann und mag, weder Angst noch Unsicherheit empfindet und sich ganz in das Jagdspiel vertiefen kann. Im Mehrkatzenhaushalt bedeutet das nicht selten, dass Spiel nur dann richtig gut klappt, wenn man sich die Zeit nimmt, nacheinander mit den Katzen zu spielen, vielleicht sogar jeweils hinter einer geschlossenen Tür.

Die meisten Katzen zeigen im Umgang mit echter Beute eine gewisse Vorsicht. Der inzwischen verstorbene Katzenverhaltensforscher Paul Leyhausen beschrieb das folgendermaßen:

„Höchst ungern nur greift eine Katze ein Beutetier an, das ihr gerade ins Gesicht blickt. Sie hält daher auch mitten im Angriff inne oder bricht ihn ganz ab, wenn es dem Überfallenen gelingt, sich umzuwenden. […] Für das Raubtier birgt jede, auch eine geringfügige Verletzung die Gefahr, wegen einer Infektion „erwerbsunfähig“ zu werden und schlimmstenfalls sogar zu verhungern oder in stark geschwächtem Zustand anderen Fleischliebhabern zum Opfer zu fallen“ (Leyhausen, 2005: 85).

Hieraus können wir wertvolle Hinweise für das Spiel mit Katzen ableiten: Die Spielbeute darf auf die Katze nicht gefährlich wirken. Dafür muss die Größe der Beute stimmen, und die Beute darf die Katze nicht angreifen. Für die Größe orientieren wir uns am besten an der Maus, dem wichtigsten Beutetier der Katze. Ein gutes Katzenspielzeug hat in etwa Mausgröße. Spielobjekte, die in erster Linie aus Federn bestehen, dürfen etwas größer sein, da sie aufgrund von Gewicht und Luftigkeit weniger bedrohlich wirken. Die Spielbeute sollte sich dann unbedingt wie echte Beute verhalten. Und mal Hand aufs Herz: Welches Beutetier, das seine Sinne beisammen hat, hüpft vor der Nase einer lauernden Katze auf und ab? Oder tippt ihr an die Stirn? Wenn die Katze auf so ein aufdringliches Verhalten nicht ängstlich reagiert oder in Selbstverteidigung die Pfote zur Abwehr hebt, dann beendet sie meist irritiert das vermeintliche Spiel, das für sie völlig reizlos, weil absolut realitätsfern ist. Ich denke immer, dass Katzen so unglaublich viel Fantasie und Offenheit aufbringen müssen, um sich auf Spiel mit uns einzulassen und so zu tun, als wäre das Spielzeug echte Beute. Wir sollten uns also bemühen, ihre Anstrengungen nicht zu boykottieren. Unsere Spielzeugbeute sollten wir deshalb höchstens mal sehr kurz direkt an der Katze vorbeilaufen lassen, normalerweise aber immer von der Katze weg. Selbst eine kleine Maus wird normalerweise nicht von vorne angegriffen, sondern immer von hinten oder schräg hinten. Haben Sie mal eine Maus in einem Zimmer beobachtet? Würde sie mitten durch den Raum laufen? Wenn sie auch nur den Hauch einer Möglichkeit dazu hat, bewegt sich eine Maus immer an Wänden oder Gegenständen entlang, so dass ihr zumindest von einer Seite keine Gefahr droht. Sie huscht ein Stückchen, hält dann inne, um zu schnuppern und die Umgebung zu sichern, huscht weiter, entschwindet um die nächste Ecke. Das ist ein Schlüsselmoment: Wenn eine Katze schon länger in Lauerstellung die Spielbeute fixiert, lassen Sie diese hinter der Sofaecke oder hinter dem Türrahmen verschwinden – dies wird der Moment sein, in dem Ihr Tiger sich bewegt!

Aber nicht nur die Spielbeute muss immer wieder Tarnung aufsuchen, um realistisch zu wirken. Das Entscheidende dafür, dass die Katze dauerhaft Spaß am Spiel in der Wohnung behält, ist, dass wir ihr immer wieder kreative Tarnungen anbieten, hinter denen sie sich auf die Lauer legen kann. Spielen Sie um Sessel und Stühle herum. Bewegen Sie einen langen Grashalm unter dem Türschlitz durch. Bauen Sie einen Kissenberg auf dem Wohnzimmerteppich auf, schlagen Sie den Teppich um oder türmen Sie das Bettzeug zu einem Hügel auf – um diese Dinge kann man ganz toll herumschleichen. Bieten Sie einen neuen Spieltunnel, einen neuen Karton an oder spielen Sie einfach um die nicht weggeräumten Einkaufstaschen herum. Lassen Sie mal den Stab der Spielangel unter einer Teppichecke, Packpapier oder einem Handtuch verschwinden und bewegen ihn darunter. Ihre Katze wird bald mit Hochspannung die kleine, sich bewegende Beule verfolgen und darauf springen, sobald ein Millimeter davon unter dem Rand hervorlugt.

Erkundung

Ein Kissenberg auf dem Fußboden, der sich dort sonst nicht befindet, stellt nicht nur eine spannende Spielkulisse dar. Er ermuntert die Katze dazu, dieses merkwürdige Ding einer genauen Prüfung zu unterziehen. Erkundungsverhalten kommt im Leben einer Wohnungskatze fast zwangsläufig zu kurz – was soll man auch untersuchen, wenn man die gesamte Umgebung in- und auswendig kennt? Das ist allerdings sehr schade, denn Erkundung geht mit Neugier und gespannter Aufregung einher und führt zu Aktivität, Lebendigkeit und Lebensfreude. Erkundung ist damit ein tolles Mittel gegen Langeweile und depressive Verstimmung. Welche Möglichkeiten haben Sie also, Ihre Katzen zu Erkundung anzuregen?

Zunächst einmal können Sie das Naheliegende tun, nämlich Ihrer Katze regelmäßig neue Dinge, neue Reize mitbringen. Damit meine ich nicht nur neues Spielzeug, sondern einfach neue Materialien, neue Gerüche, neue Formen. Wie wäre es mal mit einer neuen Fußmatte? Frischen Blättern, Grassoden, Steinen und Federn von draußen? Einem Holzbalken (splitterfrei) oder einem dicken Ast, der sicher auf zwei Stühlen befestigt wird, erklettert und kratzmarkiert oder schlicht als zeitweiliger Hochsitz benutzt werden kann? Muss der neue Karton wirklich gleich ins Altpapier oder könnte er vielleicht ein bis zwei Wochen im Wohnzimmer als Höhle dienen? Könnte die Papiertüte mit durchgeschnitten Henkeln für ein Weilchen im Flur liegen? Natürlich dürfen Sie auch neue Gegenstände mitbringen, die von vorneherein für die Katze gedacht sind: Ein neues kuscheliges Katzenbettchen, eine neue Kratzwelle oder ein Kratzbrett, ein Papphäuschen, einen neuen Rascheltunnel oder eine tolle Hängematte, die sich an der Wand montieren lässt.

Aber es muss gar nicht immer etwas Nagelneues sein. Neben den weiter oben bereits beschriebenen Spieltarnungen können wir Spannung erzeugen, indem wir zum Beispiel einen Stuhl auf den Esstisch stellen. Steht der Stuhl an unvertrauter Stelle, muss er neu erforscht werden! Und vom Stuhl aus hat die Katze eine ganz neue Perspektive aus dem Fenster oder auf den Rest der Wohnung. Lassen Sie einen Spieltunnel oder auch Teile des Sofas einmal unter Packseide oder Packpapier verschwinden. Wetten, dass Ihre Miez das untersuchen muss? Für ein weiteres Highlight können Sie sorgen, indem Sie in unregelmäßigen Abständen immer mal eine Kommode oder einen Schrank von der Wand abrücken. Damit kommt ein sonst nicht zugänglicher Bereich zum Vorschein, den Ihre Katze sofort erkunden wird. Reisetaschen und Koffer kann man auch einfach mal zum Spaß hervorholen. Räumen Sie eine neue Ecke im Regal frei. Altbekanntes wird also wieder spannend, wenn es plötzlich an anderer Stelle auftaucht oder einfach ein kleines bisschen verändert wird.

Wir tun unseren Katzen einen riesengroßen Gefallen, wenn wir ihnen regelmäßig Anlass zu Erkundungstouren durch die ganze Wohnung geben. Dies können wir tun, indem wir für die Katze wichtige und attraktive Ressourcen nicht immer nur in der Küche bereitstellen. Platzieren Sie das Katzengras auf der Wohnzimmerkommode, den kleinen Bambus (eine beliebte Alternative oder Ergänzung zum klassischen Katzengras) auf dem

Regal in Fensternähe (Bambus braucht viel Licht), und die vier Wasserschälchen im Badezimmer, auf den Fensterbänken in Schlaf- und Wohnzimmer sowie in einer ganz anderen Zimmerecke. Gönnen Sie Ihrer Katze ab und zu einen kleinen Rausch ohne Nebenwirkungen: Hinterlegen Sie in unregelmäßigen Abständen kleine Säckchen mit Baldrian oder Katzenminze an unterschiedlichen Stellen in der Wohnung. Und probieren Sie auch einmal Geißblatt aus, das für viele Katzen ähnliche Effekte hat!

Spielt Ihre Katze gerne eigenständig mit kleinen Objekten, können Sie einzelne Spielmäuse oder Papierkügelchen geschickt so „verstecken“, dass zum Beispiel das Schwänzchen unterm Teppich hervorlugt oder das Kügelchen gleich hinter dem Stuhlbein verschwindet. Auf Ausschau nach Beute kann diese dann erspäht, belauert und angesprungen werden.

Die sicherste Methode, um eine Katze zu regelmäßigen eigenständigen Erkundungstouren durch das Minirevier Wohnung zu animieren, ist das Verstecken von Futter, eine von verschiedenen Möglichkeiten der Futterbeschäftigung.

Futterbeschäftigungen

Der Wohnungskatze alle Mahlzeiten jeweils in einem Napf zu servieren, ist sehr freundlich – aber auch gnadenlos langweilig. Dies gilt umso mehr für ständig zur Verfügung stehendes Trockenfutter. Zumindest ein Teil der täglichen Ration sollte auf eine Weise angeboten werden, die die Katze zu zusätzlichen Aktivitäten veranlasst. Mit Trockenfutter ist das am einfachsten, aber auch mit Fleisch oder Nassfutter lassen sich mit etwas Kreativität Lösungen finden, die den nötigen Hygieneansprüchen nicht zuwider laufen.

Futterverstecke

Die erste Futterbeschäftigung, das Futterverstecken, funktioniert so, dass man einzelne Futterstückchen an unterschiedlichen Stellen in der ganzen Wohnung platziert, so dass die Katze anfangs zufällig darüber „stolpert“: auf Fensterbänken, Kommoden und Schränken, auf den verschiedenen Kratzbaumebenen, im Transportkorb und im Pappkarton, auf dem Catwalk. Schöne Verstecke sind auch Fußleisten, Querstreben unter Stuhlsitzflächen und die kleinen „Fenstersimse“ unten am Rand von Glasfenstern in Zimmertüren. Die Idee dahinter ist die, dass die Katze die Möglichkeit bekommt, auf Erkundungstouren Ausschau nach potenzieller Beute zu halten. Bekommt sie ein Appetitchen, futtert sie sich nicht einfach am Napf in der Küche satt, sondern pilgert stattdessen durch die Wohnung: „Die letzten Tage lag immer etwas auf der Wohnzimmerfensterbank. Dann geh ich da doch mal gucken. Hm, heute ist hier nichts. Ich probiere es mal oben auf dem Kratzbaum. Ah, lecker! Und von hier oben sehe ich, dass drüben auf der Kommode auch noch was liegt. Dann springe ich da gleich noch einmal hin…“.

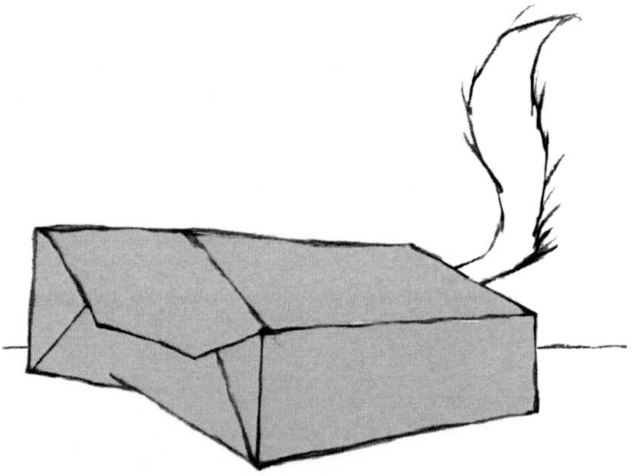

Mit Trockenfutter ist das völlig unproblematisch. Frisst Ihre Katze ausschließlich Fleisch oder Nassfutter, können Sie eine Variante ausprobieren. Geben Sie die jeweilige Hauptmahlzeit nicht auf einmal in einen einzigen Napf, sondern verteilen Sie sie kleckseweise auf verschiedene Näpfe oder Untersetzer, die Sie dann vor den Augen Ihrer Katze an verschiedenen Stellen in der Wohnung platzieren. Um sich satt zu futtern, sucht Ihre Miez dann innerhalb kürzerer Zeit diese Fressplätze auf, die sich wie die Trockenfutterverstecke gerne auf verschiedene Ebenen erstrecken dürfen. Natürlich muss man die gewählten Futterverstecke regelmäßig kontrollieren und älteres Futter, egal ob nass oder trocken, entfernen und die Plätze gegebenenfalls reinigen.

Futterwerfen

Ein etwas höheres Tempo wird Ihre Katze an den Tag legen, wenn Sie für sie Trockenfutterbröckchen oder kleine Würfel von gekochtem Fleisch so durch die Wohnung werfen, dass Ihre Katze ihnen hinterher jagen und sie erbeuten kann. Viele Katzenhalter machen dies unregelmäßig mit besonderen Leckerlis und beobachten dabei, wie viel Freude es den Katzen bereitet. Kein Wunder – es gibt wenige Gelegenheiten im Leben einer Wohnungskatze, bei denen sie die gefangene Beute auch verspeisen kann! Deshalb möchte ich Sie gerne dafür gewinnen, das Futterwerfen zu einem festen Ritual werden zu lassen, für das Sie ein bis zweimal täglich einen Teil der normalen Tagesration verwenden. Ein guter Zeitpunkt für das Futterwerfen ist ein kurzes Weilchen vor der eigentlichen Hauptmahlzeit oder in Momenten, in denen Ihre Katze gerade ein großes Bedürfnis nach Action hat, Sie selber aber (noch) nicht wirklich dafür bereit sind. Morgens nach dem Aufstehen oder abends bei der Heimkehr nach einem langen Arbeitstag beispielsweise sind viele Katzen besonders unruhig und aufgedreht, weil sie perfekt ausgeschlafen und gleichzeitig wirklich hungrig sind. Wenige Gramm Futter in ein, zwei Minuten für die Miez quer durch die Wohnung geworfen, bieten der Katze die Gelegenheit, ihre Erregung auf konstruktive Weise abzubauen. Und Sie gewinnen Zeit, in der Sie erst einmal wachwerden oder wirklich zuhause ankommen können. Beim Futterwerfen kann man eigentlich nicht viel falsch machen: Werfen Sie jeweils ein einzelnes Bröckchen so, dass es nicht vor den Pfoten Ihrer Katze landet, sondern sie sich mindestens zwei, drei Meter bewegen muss, um es sich zu holen. Besonders gut funktioniert es, wenn man auf glatten Böden das Stückchen an der Katze vorbei den Boden entlang schliddern lässt, so dass es dabei reizvolle Geräusche macht. Schicken Sie Ihre Miez mit dem nächsten Bröckchen in die andere Richtung, vielleicht auch mal unter den Schrank oder auf das Sofa – wenn Ihre Möbel dafür geeignet sind. Für sehr aktive Katzen können Sie die Stückchen auch zwei bis drei Handbreit über den Kopf der Katze hinweg werfen, so dass sie danach springen kann, oder Ihr Energiebündel die Treppe rauf und runter schicken.

Auch ältere oder bewegungseingeschränkte Katzen haben Spaß an dieser Beschäftigung. Natürlich sollten Sie dann aber etwas Tempo rausnehmen und darauf achten, dass Ihre Katze sich nicht übernimmt. Eine ruhigere Variante kann so aussehen, dass Sie das Trockenfutterstückchen in 15 bis

20 cm Entfernung zu Ihrer Katze langsam entlang rollen lassen, so dass sie es mit einem gezielten Pfotenhieb zur Strecke bringen kann. Ansonsten spricht natürlich auch nichts dagegen, dass eine Seniorenkatze dem fliehenden Bröckchen in dem ihr eigenen Tempo folgt. Manchmal wird sie dafür erstaunlich schnell!

Wollen Sie mehreren Katzen gleichzeitig das Fangvergnügen bereiten, müssen Sie sicherstellen, dass sich nicht mehr als eine Katze zur Zeit auf ein Futterstückchen stürzt. Schmeißen Sie als erstes ein Bröckchen für die aktivste und wildeste Katze möglichst weit weg und schicken dann die zweitaktivste Miez in eine andere Richtung, dann die nächste in eine noch andere Richtung. Am einfachsten geht das, wenn man selber im Flur steht und die Tiger durch das Futterwerfen auf unterschiedliche Zimmer verteilt.

Futterfummeleien

In den letzten Jahren haben schon zunehmend mehr Katzenhalter die Entdeckung gemacht, dass Katzen viel Spaß daran entwickeln können, Futterstückchen aus Löchern und Ritzen hervor zu pföteln. Die Schweizerin Helena Dbalý hat mit ihrer stetig umfangreicher werdenden Internetseite über Katzenfummelbretter[17] einen nicht unwesentlichen Beitrag zur Verbreitung dieser Futterbeschäftigung geleistet.

Auch bei Futterfummeleien geht es darum, ein bestimmtes Jagdelement zu imitieren: Die Katze hat eine Maus gefangen, die Maus ist noch einmal entwischt und hat sich an irgendeiner für die Katze schlecht zugänglichen Stelle versteckt – und die Katze versucht nun, ihre Beute mit den Pfoten hervor zu ziehen. Dies ahmen wir dadurch nach, dass wir Futterstücke so in oder hinter Gegenständen platzieren, dass die Katze sie nicht einfach mit dem Maul aufnehmen kann, sondern eben auch ihre Pfote benutzen muss. Der Effekt ist: Die Katze ist für die gleiche Menge Futter länger beschäftigt, als wenn sie sich einfach am Futternapf bedient, und jedes einzelne erbeutete Bröckchen ist ein Erfolgserlebnis – eine kleine erjagte Beute, die Glücksgefühle beschert.

[17] Bastel- und Bauanleitungen für Fummeleien mit Bildern und Videos sowie weitere spannende Themen rund um die Katze unter www.katzenfummelbrett.ch

Eine bestechend einfache Form des Futterverstecks ist eine einzelne leere Klopapierrolle, in die ein paar Futterstücke gelegt werden – es gibt also keine Ausrede mehr, nicht gleich heute mit dieser Form der Futterbeschäftigung anzufangen.[18] Diese Klorollenfummelei ist auch deshalb toll für den Anfang, weil sie den allermeisten Katzen sehr leicht fällt und sie so schnell auf den Fummelgeschmack kommen. Wenn Ihre Katze die Klorolle regelmäßig mit einem einzigen gezielten Pfotenhieb leer räumt, kann der nächste Schritt darin bestehen, die Ränder der Klopapierrolle ein bis zwei Millimeter umzuschlagen, so dass das Futter nicht ganz so leicht hinausfällt. Wurde die Klorolle gemeistert, kann zusätzlich eine leere Küchenrolle, vielleicht mit einem hinein geschnittenen Pfötelloch, zum Einsatz kommen oder Sie kleben mehrere Klorollen zu einer kleinen Pyramide zusammen. Drei Klopapierrollen zwischen zwei Pappdeckel geklebt bilden schon eine etwas anspruchsvollere Fummelei, die in null Komma nichts hergestellt ist. Trockenfutterstückchen können aber auch auf dem Grund eines Joghurtbechers oder in einer mit Tischtennisbällen gefüllten Schale auf die Erbeutung warten.

Im Fachhandel gibt es ein wachsendes Angebot an ausgeklügelten Futterbeschäftigungen für Katzen.[19] Da diese industriell gefertigten Teile aus Kunststoff hergestellt werden, sind sie leichter zu reinigen als Selbstgebasteltes und damit auch eher für die Bestückung mit Fleisch geeignet. Es gibt z.B. ein gut durchdachtes und hübsches Fummelbrett mit verschiedenen Pfötelmodulen zu erstehen (*Cat Activity Fun Board*). Neben diesen stationären Futterbeschäftigungen gibt es auch welche, die zu zusätzlicher Bewe-

[18] Ihre Katze frisst nur Nassfutter? Dann kann sie es sich z.B. mit der Zunge aus einem Eierbecher erarbeiten. Oder Sie wählen sowohl eine abwaschbare Fummelei als auch einen abwaschbaren Untergrund (Fliesen).

[19] Bitte achten Sie beim Kauf darauf, dass das Produkt für Ihre Katze sicher ist. Es sollte zum Beispiel keine Gelegenheit geben, mit der Kralle daran hängen zu bleiben oder den Kopf in eine enge Öffnung zu stecken. Beobachten Sie Ihre Katze zudem unaufdringlich beim ersten Ausprobieren, um spätestens jetzt mögliche Gefahren zu erkennen.

gung anregen. Snackbälle sind eher für ambitionierte Katzen geeignet, da es häufig lange dauert, bis etwas herauskommt. Wenn möglich sollte ein Snackball mit größenverstellbaren Öffnungen gewählt werden. Ausgefeilter und wirklich spannend ist der auf den ersten Blick überraschend große und quietschbunte *Pipolino*, der auf Gummiringen leise über harten Boden gleitet, durch einen Schlitz zwischen Boden und Unterkante zum Lauern anregt und durch veränderbare Lochzahl Anfänger-, Fortgeschrittene- und Profi-Einstellungen ermöglicht.

Aber auch bei den sogenannten Intelligenzspielzeugen für Hunde, die es in weitaus größerer Zahl gibt, kann man für die Katze fündig werden. Bei der Auswahl muss man allerdings beachten, dass Katzen anders als Hunde nicht mit dem Maul größere Teile aufheben und weglegen können. Denn die Voraussetzung für Erfolgs- und Glücksgefühle ist natürlich, dass die Futterfummelei so aufgebaut ist, dass die Katze sie auch bewältigen kann. Manche Katzen sind sofort Feuer und Flamme, schrecken nicht vor großen Anstrengungen zurück, um ans Futter zu kommen, und haben vielleicht sogar offenkundig Spaß daran, dabei ein Mindestmaß an Lärm und Zerstörung anzurichten (z.B. in Form weit verstreuter Klopapierrollen). Dass diese Fummelspezialisten regelmäßig in den Genuss dieser Herausforderungen kommen sollten, liegt auf der Hand. Einige Katzen wirken erst etwas ratlos und verwirrt, steigen dann aber begeistert ein, sobald sie das Prinzip verstanden haben. Andere Katzen sind durch Misserfolge ganz leicht entmutigt oder unternehmen noch nicht einmal einen Versuch, an das eigentlich begehrte Futter zu kommen, wenn sie nicht sofort die zündende Lösungsidee haben. Die liebevoll gebastelte oder für teures Geld gekaufte Fummelgelegenheit wird dann einfach links liegen gelassen. Taugen Futterfummeleien für diese Katzen also nichts? Doch, in gewisser Weise sogar noch mehr als für die ohnehin unternehmungslustigen Actionkatzen. Mit Geduld, Nachdenken und vielleicht etwas Hilfestellung von unserer Seite können diese passiven Katzen über die Fummelangebote zu Aktivität und zum Ausprobieren von verschiedenen Problemlösungsstrategien animiert werden. Jedes Beutebröckchen und damit jedes kleine Erfolgserlebnis ist Balsam auf der Seele einer Katze, die sich selber offenbar so wenig zutraut. Das Selbstbewusstsein wird gestärkt sowie das Vertrauen in die eigene Handlungsfähigkeit. Wie können wir das bewerkstelligen?

Der Schlüssel liegt darin, den Schwierigkeitsgrad der Futterfummelei auf die jeweilige Katze abzustimmen. Für die allzu leicht entmutigten Katzen bauen Sie die Fummelei so auf, dass wirklich nur minimale Anstrengungen nötig sind. Auf einem Katzenfummelbrett etwa legen Sie alle, natürlich sehr begehrten Futterstücke am Rand entlang, so dass die Katze sie wirklich nur einen halben Zentimeter mit der Pfote bewegen muss, bis sie vom Brett fallen. Es ist sogar okay, wenn die Katze das Futter anfangs mit der Zunge aufnehmen kann. Auf diesem Schwierigkeitslevel bleiben Sie so lange, bis Ihre Katze sich regelmäßig ohne das kleinste Zögern an die Arbeit macht. Auf dem nächsten Level liegen zwei Drittel der Bröckchen wieder ganz am Rand, das letzte Drittel platzieren Sie einen Zentimeter weiter Richtung Brettmitte. Bewältigt Ihre Katze diesen Level, gibt es im nächsten Schritt ein Drittel des Futters am Rand, ein Drittel in 1 cm Entfernung und ein Drittel einen weiteren Zentimeter Richtung Mitte des Bretts. Beobachten Sie dabei, was Ihrer Katze am leichtesten fällt: waagerecht befestigte Röhren, in denen etwas liegt? Waagerecht liegende bewegliche Röhren (jenseits eines Fummelbretts)? Becher, auf deren Grund die Stückchen liegen? Seitlich begrenzte Bahnen, durch die die Futterstücke zum Rand gezogen werden? Kleine Hindernisse, um die die Bröckchen herum gezogen werden müssen? Gelingt Ihrer Katze eine von diesen Herausforderungen besonders gut, bieten Sie ihr mehr von genau dieser an! Schaffen Sie ihr so viele Erfolgserlebnisse wie möglich, während Sie in winzigen kleinen Schrittchen, möglicherweise über Wochen und Monate, die Anforderungen erhöhen. Vielleicht müssen Sie zusätzlich an anderen Punkten ansetzen: Was braucht Ihre Miez, um sich einer Futterfummelei überhaupt widmen zu können? Fühlt sie sich durch Ihre Nähe bestärkt und animiert oder tüftelt sie das lieber völlig unbeobachtet und in Ruhe aus? Müssen Sie vielleicht Ihre Katzen zeitweise trennen und ihnen in verschiedenen Räumen Beschäftigung anbieten, damit sie sich nicht gegenseitig stören? Wie bei der echten Jagd draußen gilt auch bei der Futterjagd: (gefühlte) Sicherheit kommt an erster Stelle.

Clickertraining

Die Königsdisziplin unter den Futterbeschäftigungen ist das Clickertraining.[20] Beim Clickertraining wird die Katze auf ein Geräusch konditioniert. Sie lernt, dass dieses Geräusch – ein Click, ein Zungenschnalz - ein Versprechen für eine sofort folgende Futterbelohnung ist. Im Zuge des Clickertraining muss die Katze dann herausfinden, wie sie ihren Menschen dazu bringen kann, Click und Belohnung zu geben. Die Katze muss also aktiv Verhaltensweisen ausprobieren und wir weisen ihr durch unsere Clicks den Weg zu dem Ziel, das wir uns vorher überlegt haben. Statt Zwang, Druck, Strafe und Nein gibt es ausschließlich Click und Belohnung, sobald eine Katze den kleinsten Ansatz vom gewünschten Verhalten zeigt. Clickertraining setzt also auf positive Verstärkung (siehe Abschnitt *Positive Verstärkung*: Etwas Angenehmes wird hinzugefügt).[21]

Man kann einer Katze, die futtermotiviert ist, mit Hilfe von Clickertraining viele Dinge beibringen: Männchen machen und die Pfote zum High Five[22] in die hingehaltene Hand legen, über Beine oder Hürden springen, sich hinlegen, eine Rolle machen oder auf einem Platz ein kleines Weilchen warten, über einen Balken balancieren, durch Reifen springen, Slalom laufen, auf Signal in die Transportbox gehen usw. Außer bei den wirklich lebenspraktischen Übungen wie Transportboxtraining oder dem Einüben von Abläufen beim Tierarzt kommt es aber in der Regel gar nicht so sehr darauf an, was man der Katze beibringt. Natürlich braucht niemand eine Katze, die Kunststücke macht – auch wenn das wirklich sehr süß und zum Teil einfach nur beeindruckend ist. Und auch eine Katze kennt erst einmal

---

[20] Dies bedeutet allerdings nicht, dass Clickertraining die anderen Futterbeschäftigungen ersetzen sollte.

[21] Buchtipp: Mein Buch „Trickschule für Katzen", erschienen 2010 im Cadmos Verlag, widmet sich ausführlich dem Thema Clickertraining: Wie funktioniert das Clickern genau? Wie gestaltet man das Training so, dass es Katze und Mensch wirklich Spaß macht? Was gehört zu guter Trainingsvorbereitung? Außerdem gibt es eine Vielzahl von Anleitungen für einfache und etwas schwierigere Clickerübungen.

[22] „High Five" ist der englische Ausdruck für „Gib mir fünf!". Anstelle des menschlichen Kumpels legt nun die Katze sanft ihre Pfote in die aufrecht vor sie gehaltene Hand des Menschen.

nicht das Grundbedürfnis, durch einen Reifen zu springen. Nein, der Hauptnutzen des Clickerns liegt nach dem Motto „Der Weg ist das Ziel" im Vorgang des Clickerns selbst, in den Lernprozessen, die dabei stattfinden, in der Ermutigung zum spielerischen Ausprobieren, den Erfolgserlebnissen für die Katze sowie der aus diesen Faktoren resultierenden geistigen Auslastung und Zufriedenheit. Jeder einzelne Click stellt für die Katze ein Erfolgserlebnis dar. Sie hat es geschafft, die Lösung für ein „Problem" zu finden, für eine Aufgabe, die ihr gestellt wurde. Als verantwortungsvolle Clickertrainerinnen bauen wir dafür jede Übung so auf, dass die Katze erfolgreich sein *muss*. Im vergleichsweise reizarmen Minirevier Wohnung stellen kleine Clickeraufgaben willkommene mentale Herausforderungen dar, die der Katze helfen, geistig rege zu bleiben und sich aktiv mit ihrer Umwelt auseinanderzusetzen. Neben der Beschäftigung für das Katzenköpfchen kann die körperliche Komponente ebenfalls wertvoll sein. Energiebündel freuen sich über aktive Clickeraufgaben wie Sprünge über Hindernisse, Kletteraufgaben oder sogar ganze Parcours. Aber auch ganz normale Katzen können durch mit Bedacht gewählte Tricks und Übungen in ihrem Körpergefühl und dem Erhalt ihrer Beweglichkeit gefördert werden, beispielsweise durch Balancieren über und Umdrehen auf schmalen Brettern oder durch Sitzen oder Männchen machen auf leicht wackeligem Untergrund (etwa einem wabbeligen Sitzkissen für Rückengeschädigte).

Mensch und Katze erleben beim gemeinsamen Clickertraining sehr intensive und nahe Minuten (man clickert mit Katzen nur sehr kurze Zeit am

Stück). Sie können Ihre Katze dabei viel besser kennen lernen und werden Freude an ihren Erfolgen haben, und Ihre Katze entdeckt eine neue und leckere Weise, mit Ihnen zusammen Spaß zu haben. Regelmäßiges Clickertraining kann damit auch ein unglaublich mächtiges therapeutisches Mittel darstellen, um angespannte, komplizierte oder schon beinahe zerrüttete Katze-Mensch-Beziehungen zu heilen und ängstlichen Katzen Vertrauen in sich und den nur vermeintlich gefährlichen Menschen (zurück) zu geben.

Das Prinzip des Clickertrainings ist wirklich ausgesprochen einfach, die praktische Umsetzung erfordert allerdings Übung. Deshalb lohnt es sich, dass Sie sich gut vorbereiten, bevor Sie mit Ihrer Katze starten, sonst ist Frustration auf beiden Seiten vorprogrammiert – und das wäre schade. Lernen Sie, wie das Training funktioniert und vor allem, wie Sie es katzengerecht gestalten können. Üben Sie zunächst das Clickern mit Menschen. Nur wenn Sie gut sind, wird es Ihnen und Ihrer Katze Spaß machen. Und je besser Sie sind, desto mehr kann Ihre Katze vom gemeinsamen Clickertraining profitieren.

Sozialpartner Mensch

Der Mensch spielt im Leben der Katze, mit der er zusammenwohnt, eine besonders wichtige und große Rolle. Wie diese Rolle genau aussieht, hängt zum einen davon ab, mit welchem Menschenbild die Katze aufgrund ihrer individuellen Sozialisation und Erfahrungen durchs Leben geht, ob sie Menschen als Sozialpartner kennen gelernt hat und ihnen vertraut und ob sie grundsätzlich eher gesellig oder eigenbrötlerisch ist. Zum anderen steckt der Mensch durch sein eigenes Verhalten der Katze gegenüber die Eck- oder manchmal auch die Begrenzungspfeiler für die Beziehung. Ein großer Teil unserer Katzen ist mehr als bereit, eine innige Bindung mit ihrem Menschen einzugehen. Manchen, insbesondere jungen Katzen fällt das ausgesprochen leicht und sie erobern bereits am ersten Abend Sofa, Schoß und Bett. Andere, gerade bereits erwachsene Katzen, brauchen ein bisschen mehr Zeit, lassen sich aber kontinuierlich und freundlich auf zunehmend engeren Kontakt ein. Selbst manche schlecht sozialisierten[23] oder traumatisierten Katzen können es mit den richtigen Menschen und der nötigen Hilfe schaffen, Vertrauen zu entwickeln und sich auf große Nähe einzulassen. Dass letztere bereit sind, ihr Misstrauen und ihre teils überwältigenden Ängste Schrittchen für Schrittchen zu überwinden, deutet auf ein enormes Bedürfnis nach Bindung und Nähe bei diesen Katzen hin. Ist der Mensch erst einmal, ob nun im Sturm oder ganz langsam, zum geschätzten Sozialpartner für die Miez geworden, dann hat sie natürlich entsprechende Bedürfnisse entwickelt. Selbst erwachsene Katzen zeigen ihren Menschen gegenüber eine Reihe von frühkindlichen Verhaltensweisen: Der Zickzacklauf vor unseren Beinen mit hoch erhobenem Schwänzchen etwa, wenn sie uns zum Napf lotsen wollen oder wir etwas Begehrtes in der Hand halten, wird auf ganz ähnliche Weise von jungen Kätzchen vor ihrer Mutter vollführt, die mit Beute heimkommt. Mit einem Miau auf Bedürfnisse aufmerksam zu machen, ist unter Katzen den Kätzchen vorbehalten. Daraus folgern einige Autoren, dass Katzen uns als eine Art „Übermama“ ansehen und selbst in die Rolle des Katzenkindes fallen. Über das Bereitstellen von Futter kommen wir dieser Rolle auch tatsächlich recht nah, da nur Katzenkinder von ihren Müttern (und seltener von „Onkelkatern“) mit Nahrung versorgt werden. Freilebende heranwachsende und erwachsene Katzen kommen normalerweise nicht mehr in diesen Genuss – sie sind aber im Vergleich zu unseren Katzen in ihrem natürlichen Lebensumfeld auch in der Lage, sich ihre Beute zu erjagen. Dennoch beinhaltet die Übermama-Katzenkind-Beschreibung

[23] Die Aufnahme einer schlecht sozialisierten Katze in Wohnungshaltung stellt eine große Herausforderung für alle Beteiligten dar und sollte nicht unüberlegt geschehen. Manchen dieser Katzen ist mehr damit gedient, wenn sie kastriert und draußen versorgt werden. Informationen zu diesem Thema finden Sie bei vielen Katzenschutzorganisationen und z.B. im Internet über das *Projekt kitty* von *aktion tier – Menschen für Tiere e.V.*

ein gewisses Maß an Interpretation und Spekulation und blendet gleichzeitig aus, dass die meisten Katzen sich einen Großteil der Zeit ihren Menschen gegenüber wie erwachsene Katzen verhalten, genauer: wie erwachsene Katzen sich gegenüber befreundeten erwachsenen Katzen, also Sozialpartnern verhalten. Und Sozialpartner sind für soziale Aktivitäten da! Es ist nicht damit getan, regelmäßig das Futter hinzustellen. Es werden Versteck-, Jagd- und manchmal Raufspiele gespielt, mit dem Menschen kann man zusätzlich unglaublich tolle interaktive Beutespiele spielen. Und mit Sozialpartnern wird gekuschelt und vielleicht sogar ausgiebige Fellpflege betrieben. Gerade Nähe und Körperkontakt, Ansprache und Aufmerksamkeit sind vielen Katzen ein großes Bedürfnis. Ob es nun eine sanfte Schmusestunde oder gemeinsames aus dem Fenster schauen ist: Wenn wir uns für das Zusammenleben mit einer Katze entscheiden, dann sollten wir die sozialen Bedürfnisse der Katze uns gegenüber respektieren und versuchen, sie so gut und regelmäßig wie möglich zu erfüllen. Wer außer uns könnte es sonst tun? Manche Katzen machen es uns dabei vergleichsweise leicht, weil sie sich beim Fernsehen von alleine gemütlich dazu kuscheln, sich nachts ans Bein schmiegen, den Schoß erklimmen, sobald man sitzt oder sich mit Vorliebe auf die Tastatur legen. Sie zeigen sehr klar ihre Bedürfnisse und holen sich die Grundversorgung ab. Allerdings laufen sie ein bisschen Gefahr, immer nur nebenher beschmust zu werden. Leben Sie mit so einer Katze zusammen? Dann überlegen Sie doch mal, ob Ihre Katze jeden Tag für ein Weilchen ihre ungeteilte Aufmerksamkeit zusammen mit einer Schmuseeinheit bekommen könnte.

Mit anderen Katzen wird es komplizierter, weil sie nicht überall und allzeit bereit sind, sich auf eine Kuschelei einzulassen, sondern dafür besondere Voraussetzungen brauchen. Vielleicht muss Ihre Katze selber ganz entspannt sein, um Nähe schön zu finden? Vielleicht kann sie sich nur auf Körperkontakt einlassen, wenn Sie selbst ganz friedlich und bei sich sind? Muss die Umgebung ruhig oder irgendein Mitbewohner abwesend sein, damit Schmusen funktionieren kann? Nicht wenige Katzen wählen auch ganz bestimmte Räume oder Plätze in der Wohnung als exklusive Entspannungs- und Kuschelplätze. Nur an diesen ist Nähe schön. Mit diesen Katzen ist es meist nicht möglich, sie mal eben schnell zu beschmusen, wenn es uns gerade passt. Wir können sie nicht in die Dreiviertelstunde quetschen zwischen der Rückkehr von der Arbeit und der Abendverabredung. In solcher Hektik würden sie uns wahrscheinlich eher ausweichen.

Fairerweise sollten wir uns nicht mit Gedanken wie „Wenn es Fritzi wirklich wichtig wäre, dann könnte er ja in dieser Zeit mit mir kuscheln“ oder „Luna könnte ja zu uns aufs Sofa kommen, wenn sie wollte“ aus der Affäre ziehen. Nähe braucht manchmal einen besonderen Rahmen, um genossen werden zu können. Ist dieser Rahmen nicht vorhanden, verliert die Nähe ihre Qualität. Versuchen Sie also herauszufinden, welche Voraussetzungen für Ihre Katze erfüllt sein müssen, damit sie Streicheleinheiten oder gemütliches Beieinandersitzen genießen kann. Und dann wäre es wünschenswert, dass Sie so oft und regelmäßig wie möglich diese besonderen Bedingungen schaffen und Ihrer Katze diese besondere Qualitätszeit schenken.

Das Thema Nähe hat allerdings auch eine andere Seite der Medaille: Einige Katzen leiden nicht unter gefühltem Liebesentzug, sondern unter Zuviel des Guten! Sie werden von ihren Menschen mit Liebe und vor allem mit Körperkontakt nahezu überschüttet, fühlen sich eher bedrängt und beginnen auszuweichen und Nähe zu meiden.[24] Für jede Kontaktaufnahme gilt deshalb: Achten Sie auf die Signale, die Ihre Katze Ihnen sendet. Hat sie gerade genauso viel Lust zu kuscheln wie Sie? Ich habe schon häufiger von Menschen gehört, wie sie leicht empört oder vielleicht auch etwas verletzt über ihre Katze etwas sagen wie: „Meine Katze ist schon ziemlich eigen. Sie schmust auch wie wahnsinnig – aber nur, wenn sie will.“ Aber wann denn auch sonst?

---

24 Für Lösungen, wenn das bereits eingetreten ist, siehe spätere Abschnitte *Respekt und Höflichkeit statt Verwechslung von aktiver und passiver Nähe* sowie *Verständnis und Verständigung statt Missverständnisse beim Streicheln.*

Kontrolle – die Wirksamkeit des eigenen Handelns

Der Gedanke, Haustieren ihre Wünsche und Bedürfnisse zu erfüllen, auf Aufforderungen zu reagieren, erfüllt einige Menschen mit einem gewissen Unbehagen. Das Schreckgespenst Dominanz kommt aus der Hunde- und Pferdewelt ins Reich der Katzen geschwebt.[25] Darf die Katze bestimmen, wann es was zu fressen gibt? Oder sogar was? Wenn wir die Arbeit unterbrechen und mit der Katze spielen, weil sie mit dem Spielzeug angelaufen kommt – dominiert sie uns dann nicht? Sollte sich eine Katze nicht fügen, wenn wir sie gerade anfassen wollen? Es kann doch nicht sein, dass Sie mehrmals am Tag aufstehen, um Ihrer Katze die Terrassentür aufzumachen, obwohl sie im Keller eine Katzenklappe hat, oder? Vielleicht sollten wir sie auch lieber gar nicht mehr aufs Sofa lassen?[26] Der inzwischen schon fast geflügelte Spruch „Hunde haben Herrchen, Katzen haben Personal" hat die Sache für die Katzen nicht besser gemacht.

[25] Leider hält es sich hartnäckig, dabei ist es längst als Schall und Rauch enttarnt, vgl. beispielsweise O'Heare (2005).

[26] Für alle, die nicht mit den Dominanzthesen im Hundebereich vertraut sind: Ein Hund, der auf das Sofa darf, ist im Begriff, wenn schon nicht die Weltherrschaft, dann die Herrschaft über das Haus und alle seine Bewohner zu übernehmen.

Aber wie komme ich jetzt überhaupt darauf? In den folgenden Abschnitten geht es um Kontrolle, und zwar um die Kontrolle, die eine Katze (in Wohnungshaltung) über ihre Lebensgestaltung hat, um die Bedeutung der Wirksamkeit des Handelns der Katze und die Notwendigkeit, die Katze vor gefühltem Kontrollverlust zu schützen. Letzteres beinhaltet die Reaktion auf Kommunikationsversuche und Bedürfnisäußerungen der Katze, wie sie eben aufgeführt wurden. Aber eins nach dem anderen.

Kontrolle und erlernte Hilflosigkeit

Wir haben uns bereits vor Augen geführt, dass insbesondere Wohnungskatzen in der Regel keinerlei eigene Entscheidung über ihre Lebensumstände haben. Sie können nicht frei wählen, mit welchen Menschen und welchen Katzen sie zusammen leben und sind hinsichtlich ihrer Bedürfnisbefriedigung völlig abhängig vom Menschen, der wichtige Ressourcen, Beschäftigungsmöglichkeiten und Sozialkontakte nach eigenem Gutdünken gestaltet und zur Verfügung stellt – oder eben auch nicht. Aus der psychologischen Forschung ist bekannt, dass die gefühlte Kontrolle in verschiedenen Lebenssituationen maßgeblichen Einfluss auf das Wohlergehen hat. Kontrolle meint in diesem Zusammenhang die erlebte Wirksamkeit des eigenen Handelns. Kann das eigene Handeln mit sichtbaren bzw. gefühlten Konsequenzen in Verbindung gebracht werden, dann erlebt das betroffene Lebewesen ein Gefühl von Kontrolle über die jeweilige Situation. Der Mensch, die Katze, der Hund sieht sich in der Lage, für ihn oder für sie Angenehmes aus eigener Kraft zu bewirken bzw. unangenehme Situationen zu beenden oder so zu verändern, dass sie als weniger schlimm empfunden werden.

Das Gegenteil ist der Kontrollverlust. Das Lebewesen macht die Erfahrung, dass all seine Handlungsversuche und Problemlösungsstrategien im Anblick einer unangenehmen Situation scheitern. Es kann die Situation nicht aus eigener Kraft von vornherein vermeiden oder abwenden, sie aber auch nicht verändern, wenn sie eingetreten ist. Das akute Erleben eines Kontrollverlusts führt zu Gefühlen von Frustration, Angst, Wut und Depression. Im Zuge der Erforschung von Depressionen wurden zahlreiche grausame Tierversuche durchgeführt, die die mögliche Langzeitwirkung von erlebten Kontrollverlusten zeigten: die sogenannte erlernte Hilflosigkeit.

Vereinfacht dargestellt sah der typische Versuchsaufbau wie folgt aus:[27] Ein Hund wurde in einen Raum gebracht, der durch eine überspringbare Zwischenwand in zwei Bereiche geteilt wurde. Dann wurde in dem Teil, in dem sich der Hund befand, der Boden unter Strom gesetzt. Für die erste Versuchsgruppe Hunde brachte der Sprung über die Trennwand Erleichterung – die andere Seite war sicher. Sie konnten sich also aus eigener Kraft aus der unangenehmen und schmerzhaften Situation befreien. Den Hunden, die zur zweiten Versuchsgruppe gehörten, wurde diese Möglichkeit verwehrt. Alle ihre Versuche, dem Strom zu entkommen, waren zum Scheitern verurteilt. Der Strom endete nach einem völlig willkürlichen Prinzip. Einige Zeit später wurde die gleiche Prozedur wiederholt. Die Hunde der ersten Versuchsgruppe sprangen schnell wieder über die Trennwand und brachten sich in Sicherheit. Der größte Teil der Hunde aus der zweiten Versuchsgruppe allerdings unternahm nur schwache Versuche, den Stromstößen zu entkommen. Sie ergaben sich nach kürzester Zeit kampflos ihrem Schicksal, legten sich teils einfach auf den Boden.

Versuche, die mit Menschen durchgeführt wurden, waren dagegen meist freundlicher. Es wurden zum Beispiel einer Gruppe lösbare und einer anderen Gruppe unlösbare Rätsel vorgelegt und dann beobachtet, wie die Probanden auf künftige Rätselsituationen reagierten. Solche, die vorher unlösbare Rätsel vorgesetzt bekommen hatten, unternahmen schnell überhaupt keine Versuche mehr, neue Rätsel zu lösen. Darüber hinaus trauten sie sich auch andere Aufgaben nicht mehr zu.

Wenn Menschen oder Tiere für sie negative Situationen in keiner Weise kontrollieren können und ihnen hilflos ausgeliefert sind, kann daraus erlernte Hilflosigkeit resultieren. Diese äußert sich darin, dass sie sich in künftigen ähnlichen und völlig anderen Problemsituationen weitgehend passiv verhalten und gar nicht mehr versuchen, eine Situation zu ihren Gunsten zu verändern oder Unangenehmes abzuwenden. Wird dieses negative Erlebnis als besonders traumatisch wahrgenommen oder ist das Individuum häufiger Situationen erlebter Hilflosigkeit ausgesetzt, wird dieser Zustand chronisch und ist dann in der Regel gekoppelt mit zumindest pha-

[27] Ausführliche Beschreibungen der Versuche, Forschungsergebnisse und Theorien zur erlernten Hilflosigkeit sind in „Erlernte Hilflosigkeit“ von Seligman (1999) nachzulesen.

senweise andauernden Depressionen und Ängsten, ausgeprägtem Pessimismus (Mensch) und schließlich mit einem schlechteren Gesundheitszustand bzw. einem geschwächten Immunsystem.

Weitere Auswirkungen sind beim Menschen sehr viel leichter wissenschaftlich nachzuweisen als bei Tieren: Die erlernt hilflosen Menschen bilden bestimmte negative Erklärungsmuster für Geschehnisse heraus: Negative Ereignisse werden stark verallgemeinert, als andauernd wahrgenommen und oft der Unzulänglichkeit der eigenen Person zugeschrieben (Ich habe den 100m-Lauf verloren. Ich werde auch künftige Läufe nicht gewinnen. Ich verliere immer alles. Ich bin sowieso total unsportlich…). Positive Ereignisse hingegen werden als durch externe Umstände herbeigeführt und als kurzzeitig wahrgenommen, also nicht den eigenen Fertigkeiten zugeschrieben und nicht verallgemeinert. Außerdem haben diese Menschen insbesondere Schwierigkeiten damit zu glauben, dass in einigen Situationen doch ein Zusammenhang zwischen ihrem eigenen Handeln und den folgenden Konsequenzen besteht.

Natürlich können wir unsere Katzen nicht nach ihren persönlichen Erklärungsmustern für Ereignisse in ihrer Umwelt befragen. Wir können aber Passivität und Initiativlosigkeit sowie Ängstlichkeit im Angesicht von empfundenen Problemsituationen sowie Anzeichen von Depressionen beobachten, wenn eine erlernt hilflose Katze diese zeigt. Wichtig ist, dass wir darum wissen und aufmerksam sind. Ein großes Problem dieser Katzen ist nämlich, dass sie so unauffällig und pflegeleicht sind. Sie fordern keine Aufmerksamkeit, sie machen nichts kaputt und lassen ihre Menschen nachts durchschlafen. Sie schlafen oder ruhen insgesamt überdurchschnittlich viel, allerdings bei genauem Hinsehen häufig in angespannter Haltung. Die empfundene Angst führt eher zu einer Erstarrung, als dass die erlernt hilflose Katzen sich lautstark gegen den Angst auslösenden Reiz zur Wehr setzen würden. So bleibt ihr Leiden oft unerkannt.[28]

Martin Seligman, einer der ersten Psychologen, die sich mit erlernter Hilflosigkeit beschäftigt haben, begann sich bald zu fragen, ob und wie es möglich ist, erlernte Hilflosigkeit wieder abzulegen.[29] War es möglich, jemanden dagegen zu immunisieren, überhaupt in diesen Zustand zu fallen? Für Menschen hat Seligman zwei Schlüsselmomente identifiziert, die vor erlernter Hilflosigkeit schützen: ein positiver Erklärungsstil und das Gefühl von Kontrolle über Umweltereignisse durch eigenes Handeln.

Seligman stellte fest, dass die Veränderung des persönlichen Erklärungsstils durch kognitive Therapie Depressionen und Hilflosigkeit auflösen können. Personen, die negative Ereignisse nicht sich selbst, sondern anderen oder der Umwelt zuschreiben und diese nicht verallgemeinern, und sich gleichzeitig die Lorbeeren für alles Gute zuschreiben, haben ein sehr viel geringeres Risiko, unter Depressionen zu leiden. Der verlorene 100m-Lauf wird dann vielleicht erklärt mit: „Wegen meines Chefs konnte ich nicht so viel trainieren. Außerdem war meine Bahn auch nicht so gut. Nächstes Mal gewinne ich bestimmt". Als beobachtbares Resultat erhält man Menschen, die im Anblick eines negativen Ereignisses handeln (auch wenn dieses Handeln nicht von einem Erfolg gekrönt sein muss). Sie sind aktiv, optimistisch und haben messbar bessere Abwehrkräfte.

---

[28] Das bedeutet nicht, dass Ihre Katze depressiv oder erlernt hilflos sein *muss*, nur weil sie gerne und lange schläft und ruht und ein eher sanftes und introvertiertes Wesen hat. Wenn Sie ganz ernsthaft den Verdacht hegen, dass Ihre Katze depressiv sein könnte, sollten Sie nicht zögern, sich tierärztliche sowie professionelle katzenpsychologische Hilfe zu holen. Es würde den Rahmen dieses Buches sprengen und dem Einzelfall in keiner Weise gerecht, die genaue Diagnostik und pauschale Therapiemaßnahmen darzustellen.

[29] Auf Menschen angewandt, leicht verständlich geschildert und mit Selbsttests versehen in Seligmans „Learned Optimism" (2006).

Dieser Bereich ist uns im Umgang und in der Arbeit mit Katzen nicht zugänglich.[30] Den zweiten Aspekt aber können wir nutzen, um Tieren zu helfen: Eine Fülle von Erlebnissen, in denen eine Person negative Ereignisse aus eigener Kraft beenden oder verändern bzw. in offenen Situationen Positives für sich bewirken konnte, stellen *eine Immunisierung gegen erlernte Hilflosigkeit* dar oder können daraus befreien.

Wir bekommen hier einen Ansatz an die Hand, der es uns ermöglicht, unsere Katzen (aber auch unsere Kinder) davor zu schützen, dass ein traumatisches Ereignis oder eine Fülle von kleineren Kontrollverlusten sie in erlernte Hilflosigkeit stürzt. Etwas Besseres könnte uns kaum passieren. Wir können unsere Katzen mit einem Rüstzeug ausstatten, das ihnen große Erfolgschancen gibt, Probleme und Krisen ohne Langzeitfolgen zu bewältigen.[31]

[30] Aktuelle Forschungen, etwa am Institut für Nutztierbiologie in Dummerstorf, deuten allerdings darauf hin, dass sich auch unter Tieren Optimisten und Pessimisten identifizieren lassen.

[31] Während der Entstehung dieses Buches erschien in den USA das von mir lange mit Spannung erwartete neue Buch von James O'Heare, dem Präsidenten des Companion Animal Sciences Institute: Empowerment Training (2011). O'Heare kommt darin zu ähnlichen Ableitungen wie denen, die in diesem Kapitel vorgestellt werden. Sein Fokus liegt allerdings – vermutlich da er in erster Linie Hunde im Hinterkopf hat – stärker auf Trainingssituationen und nicht so sehr auf Rückgabe von Kontrolle im Alltag *unabhängig* vom Menschen.

Bevor wir uns anschauen, wie wir unseren Katzen im Alltag etwas Kontrolle zurückgeben können, müssen wir auch in diesem Kontext noch einmal auf einige Bedürfnisse der Katze zu sprechen kommen.

Bedürfnisse und Verlässlichkeit

Die Abhängigkeit, in der sich eine Katze von ihrem Menschen befindet, erscheint vor diesem Hintergrund noch einmal in einem anderen Licht. Wenn die Katze für die Befriedigung eines Bedürfnisses bzw. anders formuliert: für die Beseitigung eines erlebten Mangels auf die Aktivität oder Initiative des Menschen angewiesen ist und sich nicht selber helfen kann, lauert die Gefahr von gefühltem Kontrollverlust, wenn der Mensch dem Bedürfnis nicht im Sinne der Katze nachkommt. Dies gilt wieder in besonderem Ausmaß für reine Wohnungskatzen.

Als verantwortungsvolle Katzenhalterinnen und Katzenhalter ist es deshalb an uns, uns im ersten Schritt mit den Bedürfnissen von Katzen im Allgemeinen und den mit uns zusammen lebenden Katzen im Speziellen auseinanderzusetzen. Diese sind typischerweise nicht völlig stabil, sondern können sich im Laufe eines Katzenlebens und im Zuge unterschiedlicher Lebenssituationen verändern. Sind wir uns darüber im Klaren, was unsere Katze braucht, ist es unsere Aufgabe, durch Umsicht, Planung und Rücksichtnahme dafür zu sorgen, dass die vielfältigen Bedürfnisse der Katze regelmäßig und verlässlich befriedigt werden. Nach der Lektüre der vorangegangenen Kapitel können Sie sich sicherlich schon denken, dass daraus nicht folgt, dass wir ein freundliches, aber langweiliges Schlaraffenland schaffen und schon gar nicht, dass wir der Katze durch viel zu viel des Guten die Luft zum Atmen nehmen. Ein Beispiel: Wenn man satt ist, verliert das leckerste Essen an Wert. In diesem Sinne ist es gut, wenn die Katze regelmäßig ein Appetitchen und sogar ein bisschen Hunger bekommt. Aber eben in einem gesunden Maß. Keinesfalls sollte sie regelmäßig oder gar täglich ausgehungert sein ohne die Möglichkeit, eigenständig etwas gegen diesen Hunger zu unternehmen. In den folgenden Abschnitten beschreibe ich kurz die Eckpunkte einer verantwortungsvollen Katzenhaltung, die ich mit Blick auf das Wohlergehen von Katzen und den Schutz vor Kontrollverlust für unerlässlich halte.

Rechtzeitige Mahlzeiten

Die in vielen Ratgebern empfohlenen zwei Mahlzeiten am Tag sind nicht ausreichend, und viele Katzen sind auch nicht in der Lage, sich wirklich gut daran zu gewöhnen. Mehrere und dafür kleinere Mahlzeiten sind katzengerecht, bekömmlicher und sorgen für Ausgeglichenheit und Entspannung. Auch Vollzeitarbeit macht diese Art der Fütterung nicht unmöglich: Morgens können Sie z.B. direkt nach dem Aufstehen eine kleine Runde Futterwerfen veranstalten und eine halbe oder ganze Stunde später, kurz bevor Sie das Haus verlassen, ein etwas größeres Frühstück geben. Nach der Arbeit gibt es direkt eine Mahlzeit und eine weitere kurz vor dem Schlafengehen. Die langen Nächte und die langen Abwesenheitszeiten tagsüber können bei Bedarf durch das Bereitstellen von Fummelbeschäftigungen bzw. Futterverstecken oder programmierbaren Futterautomaten entschärft werden.

Stille Örtchen

Ein weiterer ernstzunehmender Einflussfaktor auf das Befinden der Katze ist das Angebot an Katzentoiletten. Ein großer Teil der Katzen ist diesbezüglich äußerst pingelig. Wenn aber etwas mit den Katzenklos nicht stimmt, hat die Katze wirklich keinerlei Einflussmöglichkeit. Ihr bleibt nur das oft vom Halter übersehene, aber ungesunde Anhalten des Harns oder die Erleichterung an einem für den Menschen weniger akzeptablen Ort als dem Katzenklo. Abgeleitet aus der Beobachtung, wie und wo freilebende Katzen ihre Geschäftchen verrichten, sind dies die Grundregeln für wirklich akzeptable Katzenklobedingungen: Sie brauchen (mindestens) eine Katzentoilette mehr als Katzen in Ihrem Haushalt leben. Diese Toiletten sollten an verschiedenen, möglichst weit voneinander entfernten und für die Katze jederzeit gut zugänglichen Stellen platziert werden. Die Katze muss die Toilette in mindestens zwei verschiedene Richtungen verlassen können, so dass sie potenziell nahender Gefahr immer ausweichen kann. Dies ist übrigens ein entscheidender Faktor,

der neben der angemessenen Bewegungsfreiheit sowie der besseren Belüftung für offene Toiletten und gegen Haubenklos spricht. Darüber hinaus hat die österreichische Verhaltensmedizinerin und Katzenexpertin Sabine Schroll einmal auf einem Seminar das Verhältnis von Katzen und Haubentoiletten etwas provokant, aber treffsicher auf den Punkt gebracht: „Katzen sind keine Höhlenpinkler." Schließlich muss der Untergrund stimmen. Vor die Wahl gestellt bevorzugen viele Katzen staubfreie, sich weich anfühlende und in der Regel eher feine Klumpstreu ohne Duft. Klumpstreu ermöglicht die vollständige Entfernung aller Hinterlassenschaften, so dass sich grundsätzlich immer nur saubere Einstreu in der Katzentoilette befindet und die Katze nicht zwischen alten Ausscheidungen balancieren oder darin graben muss. Alle Katzentoiletten sollten mindestens zwei Mal täglich von Kot und Urin befreit werden, nach Möglichkeit aber nach jeder Benutzung.[32]

Rituale

Etwas weiter vorne sind die Themen Sozialkontakt zum Menschen sowie Anregung und Beschäftigung bereits zur Sprache gekommen. Vor dem Hintergrund des Bedürfnisses von Kontrolle über Situationen müssen wir uns Gedanken machen, *wann* wir den Katzen entsprechende Angebote machen. Das elementare Stichwort an dieser Stelle heißt Ritual. Katzen haben den Ruf, stark an Ritualen festzuhalten – und hier haben wir es mit einem Klischee zu tun, an dem wirklich etwas dran ist. Wenigen Katzen ist es gleichgültig, wenn typische Abläufe im Zusammenspiel mit dem Menschen plötzlich anders gestaltet werden als sonst. Je nach Charakter reagieren sie mit Verunsicherung, Ungeduld oder Frustration. Wir verstehen jetzt auch, warum das so ist: Rituale gehen mit Erwartbarkeit einher und geben Sicherheit. Die völlige Abhängigkeit, in der sich die (Wohnungs-)Katzen uns Menschen gegenüber befinden, ist leichter auszuhalten, wenn alle wichtigen Ressourcen in klaren Abläufen zur Verfügung gestellt werden: Die erste Mahlzeit nach dem Aufstehen, eine kleine Kuschelrunde nach dem Kaffee, Futterjagen, wenn der Mensch von der Arbeit kommt, wildes Spiel nach dem Abräumen des Abendbrottischs. Werden die Bedürfnisse der Katze durch solche Rituale verlässlich gestillt, wird die Katze vor Ge-

[32] Für ausführliche Informationen zum Thema Katzentoiletten und Unsauberkeit kann ich Ihnen mein Buch „Stille Örtchen für Stubentiger" ans Herz legen.

fühlen von Kontrollverlust geschützt. Ohne ritualisierte Abläufe, stellt sich die Situation für die Katze ganz anders dar. Nehmen wir als Beispiel eine Katze mit einem großen Bedürfnis nach körperlicher Nähe zu ihrem Menschen. Voraussetzung für eine Kuschelstunde ist für diese Katze aber, dass der Mensch selbst wirklich entspannt ist und sie mit ihm ganz allein auf dem Sofa sein kann. Der Mensch aber richtet in seinem Alltag keinen festen Termin für eine Kuschelstunde ein. Mal wird nach dem Abendessen gekuschelt, mal kurz vor dem Schlafengehen, aber oft genug fällt das auch einfach mal flach, weil der Freund zu Besuch kommt und mit auf dem Sofa sitzt oder der Mensch sonst wie beschäftigt ist. Die Katze weiß nie, ob sie am jeweiligen Tag noch in den Genuss einer ausgiebigen Streicheleinheit kommen wird, was für sie doch eine so große Bedeutung hat. Sie hat keine Kontrolle über die Befriedigung des für sie wichtigen Bedürfnisses.

Wenn Sie also die Überreichung der Mahlzeiten sowie Fummelangebote, tägliches gemeinsames Spiel und weitere geschätzte Sozialkontakte und Interaktionen mit Ihrer Katze in Rituale einbinden, bedienen Sie nicht einfachen einen Spleen Ihrer Katze. Sie sorgen damit dafür, dass Ihre Katze keine Gefühle von Kontrollverlust, sondern einen angemessen erfüllten Alltag erlebt.

Möglichkeiten zur Rückgabe von Kontrolle

Darüber hinaus können wir gezielt Situationen schaffen, in denen wir Kontrolle an die Katze abgeben und es ihr ermöglichen, ihren Alltag und ihre Bedürfnisbefriedigung in die eigenen Pfoten zu nehmen. Katzen mit zeitweisem Freigang können etwa in großen Stress geraten, wenn ihr Mensch sie nicht zur richtigen Zeit rauslassen kann, weil er zum Beispiel länger arbeiten muss. Vielleicht gibt es auch Momente, in denen die Katze vom Fenster aus draußen etwas wahnsinnig Aufregendes sieht, aber sie kann nicht raus, weil ihr Mensch nicht da ist. Eine Katzenklappe gibt dieser Katze die Freiheit, selbst zu entscheiden, wann sie drinnen und wann draußen sein möchte. Sie erhält also ganz maßgebliche Kontrolle über ihre eigenen Aktivitäten und Aufenthaltsorte.

„Wieso machst du deinem Kater denn die Tür auf – er kann doch durch die Katzenklappe gehen?" Diese Frage habe ich von Besuchern schon häufig gehört. Eine Antwort ist: Weil er lieber durch die Tür als durch die Katzenklappe geht. Das ist bequemer für ihn. Und gefühlt sicherer. Ich öffne zwar genau die Tür, in der sich die Katzenklappe befindet, so dass er ungefähr an der gleichen Stelle ins Freie tritt. Durch die geöffnete Tür kann er aber viel besser die Umgebung nach potenziellen Gefahren abscannen. Die zweite Antwort ist: Weil mein Kater mich gerade darum gebeten hat. Er hat gelernt, dass er gute Chancen auf Türöffnung hat, wenn er sich kurz ruhig vor die Tür stellt. Klappt das nicht und nützt auch der Seitenblick auf mich nichts, geht er halt durch die Katzenklappe. Mein Kater fragt übrigens nicht jedes Mal, ob ich ihm die Tür öffne, sondern benutzt oft genug einfach direkt die Katzenklappe. Seine Bedürfnisse variieren offenkundig diesbezüglich.

Reaktion auf Äußerung von Bedürfnissen

Ich bin der Überzeugung, dass Katzen regelmäßig die Möglichkeit haben sollten, ihre akuten Bedürfnisse zu äußern und dann zu erleben, dass auf ihre Äußerung eine passende Reaktion erfolgt. Sind – wie oben besprochen – die Grundbedürfnisse der Katze gestillt, wird Ihre Katze Ihnen auch nicht als Konsequenz auf der Nase herumtanzen. Stattdessen wird sie mit Ihnen kommunizieren. Ist die Fütterung der Katze so organisiert, dass sichergestellt ist, dass sie wirklich nie ausgehungert ist, und leidet sie nicht unter Langeweile, wird sie normalerweise auch nicht lange vor Fütterungszeit auf der Matte stehen und Fressen einfordern. Wenn Sie das Futter immer zubereiten, weil es an der Zeit ist, auch wenn sich die Katze noch im anderen Zimmer vergnügt, lernt sie, dass sie sich gar nicht dafür anstrengen und laut quaken muss. Kommt aber diese Katze nun ungewöhnlicherweise deutlich vor der Fütterungszeit und signalisiert ihren Hunger (und nicht Bedürfnis nach Spiel oder Kuscheln oder etwas ganz anderem), spricht nichts dagegen, ihr das Fummelbrett neu zu füllen oder eine kleine Clickerrunde dazwischen zu schieben. Diese Kleinigkeiten helfen ihr dann, die Zeit bis zur regulären Fütterung stressfrei zu überbrücken. Meiner Ansicht nach ist das nur fair. Katzen sind keine Maschinen, sondern Lebewesen, die sich nicht jeden Tag ganz genau gleich fühlen und zum exakt gleichen Zeitpunkt die exakt gleichen Bedürfnisse in der exakt gleichen Intensität empfinden. Außerdem erlebt die Katze so wieder einen Moment von Kontrolle: Sie ist in der Lage, durch höfliche Kommunikation etwas gegen ihren Hunger zu tun. Gleiches sollte für alle denkbaren Bedürfnisse der Katze gelten.

Erfolgserlebnisse

Grundsätzlich geben bereitgestellte Futterfummeleien der Katze neben Beschäftigung die Möglichkeit, sich selbst mit Futter zu versorgen, wenn sie Appetit verspürt. Aber nicht nur das: Jedes erfummelte Bröckchen ist ein Erfolgserlebnis. Die Katze hat es geschafft, das Futterstück hervor zu pföteln. Ihre eigene Handlung hat also Positives bewirkt. Dies gilt genauso für Clickertraining. Beim Clickern können wir der Katze die Erfahrung verschaffen, dass sie durch ihr Verhalten Click und Belohnung bewirken kann. Sie lernt, dass es sich lohnt zu handeln und etwas auszuprobieren. Sie lernt, dass sie auf unterschiedlichste Arten den Menschen zum Clicken bewegen kann: mit ihrer linken Pfote, mit der rechten Pfote, durch Bewegung, durch Stillhalten, durch Blickkontakt, durch das Abwenden des Kopfes. Bei Kreativitätsübungen kann die Katze ihre ganz eigenen Ideen umsetzen und hat sozusagen gar keine andere Chance, als dabei erfolgreich zu sein. Regelmäßiges Clickertraining stellt damit eine wertvolle Immunisierungsmaßnahme gegen erlernte Hilflosigkeit dar. Darüber hinaus kann es zur Therapiemaßnahme werden, wenn eine Katze den Glauben in die Wirksamkeit der eigenen Handlungen bereits verloren hat.

Warnsignale

Leider können wir unsere Katzen nicht immer vor allen Unannehmlichkeiten schützen. Im nun folgenden Teil des Buches wird es auch darum gehen, was Katzen in unangenehmen Situationen lernen und wie man diese so gestalten kann, dass sie möglichst wenige negative Nebenwirkungen nach sich ziehen. An dieser Stelle möchte ich aber schon kurz auf Signale zu sprechen kommen. Signale geben einer Katze Informationen darüber, was gleich folgen wird. Wenn die Katze weiß, was sie zu erwarten hat, wird sie sich weniger ausgeliefert fühlen – vorausgesetzt, es geht gerade um kleinere Widrigkeiten und nicht wirklich schlimme Erlebnisse. Gleichzeitig liegt dann auch im Ausbleiben des Signals ein hoher Informationswert. Nehmen wir ein Beispiel aus dem Transportboxtraining: Stellen Sie sich vor, eine Katze hat gelernt, sich in die Transportbox zu setzen und die geschlossene Tür zu tolerieren. Das tut sie inzwischen sogar mit großem Vergnügen und ist sichtlich entspannt in der Box. Sie hat darüber hinaus gelernt, dass sie in der Box durch die Wohnung getragen wird. Das Getragenwerden in der schaukelnden Box jagt ihr keine Angst mehr ein und es ist „okay", aber die Katze könnte gut auf diesen Teil verzichten. Das Training wird für die Katze angenehmer, wenn das Hochheben der Box durch ein Signal angekündigt wird (z.B. „Abflug"). Sie hat dann einen Moment Zeit, sich innerlich darauf vorzubereiten, dass es gleich wackelig wird, und wird nicht plötzlich erschreckt. Und gleichzeitig hat sie die Sicherheit, dass die Box auf dem Boden stehen bleibt, solange das Signal nicht kommt. Sie kann sich also einfach entspannen.

Musterschüler auf vier Pfoten: Lerntheorie

In dem nun folgenden Teil des Buches werden wir uns ganz dem Lernen widmen. Sie werden ein Werkzeug an die Hand bekommen, das es Ihnen ermöglicht, Ihrer Katze bestimmte Dinge beizubringen bzw. durch bewusste Gestaltung der Umstände die Lernerfahrungen Ihrer Katze und damit auch ihre Gefühle zu beeinflussen. Dieses Werkzeug ist die Lerntheorie, die bestimmte Lerngesetze und -prinzipien definiert und beschreibt und es uns überhaupt ermöglicht, Alltagssituationen mit Blick auf das jederzeit stattfindende Lernen zu analysieren. Anschließend geht es ans Eingemachte: Die lerntheoretische Analyse verschiedener typischer Alltagssituationen im (Zusammen-)Leben von Mensch und Katze.

Alle Katzen bringen grundsätzlich die Fähigkeit zu lernen mit, und zwar zu lebenslangem Lernen. Die Voraussetzung dafür, dass die späteren Analysen und Gestaltungsvorschläge greifen können, ist, dass die Grundbedürfnisse der Katze erfüllt sind und sie nicht nur physisch, sondern auch psychisch gesund ist: Depressionen z.B. mindern die Lernfähigkeit durch den inneren Rückzug vor äußeren Reizen. Und wir sollten keine abwegigen Ansprüche an unsere Katze stellen – natürlich kann die Katze nur lernen, was ihr Katzenkörper umsetzen und ihr Katzenköpfchen verstehen kann. Das ist allerdings eine ganze Menge!

Lernen findet auf unterschiedliche Arten statt. Um die eben formulierten Ziele zu erreichen, fokussieren wir uns nun auf eine spezielle Form des Lernens, nämlich das Lernen durch Verknüpfung bzw. Lernen aus Erfahrung.[33] Wir betrachten also die Konditionierungsprozesse,[34] die im Umgang mit unseren Katzen Tag für Tag wirken und die wir uns zunutze machen können. Für die Einführung von Fachbegriffen gilt: So wenig wie möglich, aber so viel wie nötig.

---

[33] Auf welche Weisen Katzen sonst noch lernen, beschreibt Marlitt Wendt in „Wie Katzen ticken".

[34] Ich habe die Erfahrung gemacht, dass der Begriff Konditionierung für viele Menschen ein rotes Tuch ist. Falls das auch für Sie gilt, hoffe ich, dass ich Sie in den kommenden Abschnitten davon überzeugen kann, dass Konditionierung kein Teufelszeug ist und auch niemanden, weder Mensch noch Katze, zu willen- und emotionslosen Geschöpfen degradiert.

Klassische Konditionierung

Die klassische Konditionierung, die Pawlow mit seinen Hundeversuchen erforscht hat, ist wahrscheinlich das bekannteste Lernprinzip. Wir überführen Pawlows Hundeversuche in ein Katzenbeispiel: Miezi hört ein Glöckchen einmal bimmeln, schenkt ihm aber keine weitere Beachtung. Das Glöckchen hat für Miezi keine Bedeutung. Im nächsten Moment bekommt Miezi einen Käserolli. Da sie ihn als leckeres Futter wahrnimmt, löst dieser Käserolli bei ihr automatisch Speichelfluss aus. Miezi trifft darüber also keine willentliche Entscheidung. Wieder ertönt das Glöckchen und gleich darauf bekommt Miezi einen Käserolli. Nach einigen Wiederholungen der Abfolge Glöckchen - Käserolli wird bereits der Glöckchenlaut bei Miezi den Speichelfluss auslösen. Dies ist das Zeichen dafür, dass das Glöckchen und der Käserolli von Miezi miteinander verknüpft wurden. Sie hat gelernt, dass das Glöckchen den Käserolli ankündigt. Man spricht also von klassischer Konditionierung, wenn ein vorher bedeutungsloser Reiz (Glocke: neutraler Stimulus) durch die Kopplung mit einem relevanten Reiz (Futter: unkonditionierter Stimulus) eine Bedeutung bekommt (konditionierter Stimulus) und damit eine physiologische Reaktion auslöst (Speichelfluss: konditionierte Reaktion).

Diese konditionierte Reaktion ist von Miezi nicht willentlich steuerbar oder kontrollierbar – sie geschieht einfach. Als konditionierter Stimulus sind verschiedenste Reize denkbar: Ein Geräusch, ein Geruch, eine Bewegung, ein sichtbares Objekt. Alles, was die Katze wahrnehmen kann, kann durch eine klassische Konditionierung zur Ankündigung von etwas anderem werden und darüber für die Katze Signalcharakter bekommen.

Klassische Konditionierung kann nur unter zwei Bedingungen stattfinden: Zum einen muss der neutrale Reiz (Glocke) zeitlich vor dem unkonditionierten Reiz (Käserolli) auftreten. Nur so kann er zu einem Ankündigungssignal werden. Zum anderen müssen die beiden Reize zeitlich sehr nah beieinander liegen (0,5 bis 1 Sek.), um sicher miteinander verknüpft werden zu können. Miezi kann übrigens sogar klassische Konditionierungen zweiter Ordnung bewältigen: Sie hat festgestellt, dass das Glöckchen immer ertönt, unmittelbar nachdem eine Hand zum Glöckchen greift. Nach einigen Wiederholungen beginnt ihr Speichelfluss jetzt schon beim Griff zur Glocke, der das Bimmeln ankündigt, das den Käserolli ankündigt. Dieses Spielchen lässt sich natürlich noch weiter treiben – dann spricht man von klassischer Konditionierung dritter Ordnung, vierter Ordnung usw.

Klassische Konditionierung ermöglicht es der Katze zu erkennen, wodurch bestimmte Ereignisse angekündigt werden. Typische Beispiele: Das Öffnen einer Dose kündigt eine Mahlzeit an; das Hervorholen der Transportbox kündigt einen Tierarztbesuch an. Während ich dieses Buch schreibe, verbringe ich mal wieder besonders viel Zeit am Rechner, oft völlig versunken in meine Arbeit. Mein Kater liegt oft gemütlich in der Nähe herum. Sobald er jedoch an den Computertönen hört, dass ich die Arbeit beende, wird er wach, kommt direkt zu mir und nimmt Kontakt auf. Er hat gelernt: Die Herunterfahrmelodie bzw. das Zuklappen des Notebooks kündigen an, dass ich jetzt wieder den Kopf frei habe und für schöne Aktivitäten zu haben bin.

Je nachdem, ob ein Ereignis ein positives oder negatives Folgeereignis verspricht, wird die Katze folglich in eine entsprechende positive oder negative Erwartungshaltung (antizipatorische Reaktion) kommen, die sie nicht willentlich steuern kann. Steuern kann die Katze allerdings ihr tatsächliches Verhalten im Anschluss an einen bestimmten Reiz: Versteht sie eine bestimmte Verknüpfung, kann die Katze sich sicherer in ihrer Umwelt bewegen und ihr Verhalten entsprechend anpassen (also zur Futterdose in die Küche düsen, sich ganz oben auf dem Schrank verstecken oder auf den Schreibtisch springen).

Nachfolgend jetzt noch einige Menschenbeispiele für klassische Konditionierungen: Für enge Freunde habe ich einen besonderen Klingelton am Handy eingestellt. Ertönt dieser Ton, freue ich mich schon, bevor ich ans Telefon gehe. Denn ich weiß, dass jemand Nettes anruft.

Da ich morgens deutlich kaffeedurstiger bin als mein Partner, hole ich uns am Wochenende häufig Kaffee ans Bett. Ich stelle die Kaffeebecher auf den Nachttisch und ziehe dann das lichtdichte Rollo hoch, um den Tag ins Schlafzimmer zu lassen. Es wird dadurch sehr plötzlich sehr hell. Mein schlaftrunkener Partner zieht sich schon in dem Moment die Decke über das Gesicht, in dem ich den Kaffee abstelle. Dies ist für ihn die Ankündigung geworden, dass ich im nächsten Augenblick Schlimmes geschehen lasse.

Wird das angekündigte Ereignis als sehr unangenehm empfunden, kann eine einmalige Kopplung mit einem bestimmten Reiz schon eine starke klassische Konditionierung bewirken. Nachdem meiner Freundin ein von rechts kommendes Auto die Vorfahrt genommen hat und so einen Unfall verursachte, waren alle Abzweigungen nach rechts über einen langen Zeitraum für sie potentielle Gefahrenankündigungen.

Operante Konditionierung

Bei der operanten Konditionierung, auch instrumentelle Konditionierung genannt, geht es darum, dass die Katze aus den Folgen ihres Handelns lernt. Auf ihr Verhalten folgt eine Konsequenz, die entweder angenehm oder unangenehm ist. Ist die Konsequenz angenehm, wird die Katze dieses Verhalten häufiger zeigen, um mehr Angenehmes zu bewirken. Man sagt in diesem Fall, dass das Verhalten verstärkt wird. Das Angenehme ist der sogenannte *Verstärker*. Ist die Konsequenz hingegen unangenehm, wird die Katze das Verhalten künftig seltener oder gar nicht mehr zeigen. Das Verhalten der Katze wurde *gestraft*. Strafe als lerntheoretischer Begriff beinhaltet also keinerlei moralische Implikationen. Ob es sich bei einem Reiz oder z.B. einer Aktion des Menschen um eine Strafe handelt, wird einzig daran gemessen, ob sich als Reaktion darauf das zu beeinflussende Verhalten verringert (in Häufigkeit und/oder Intensität). Geschieht dies, sprechen wir von Strafe. Geschieht dies nicht, stellt der Reiz bzw. die Aktion keine Strafe im lerntheoretischen Sinne dar – ganz unabhängig davon, was wir mit unserer Aktion bezwecken wollten.

Beispiel für Verstärkung: Miezi springt auf die Arbeitsplatte und findet dort ein Stück Fleisch, das sie wegschleppt und verspeist. Sofort springt Miezi wieder auf die Arbeitsplatte, um zu gucken, ob noch mehr Fleisch zu finden ist. Das gleiche wiederholt sie am nächsten Tag. Miezis Verhalten (auf Arbeitsplatte springen) wird verstärkt durch die angenehme Konsequenz Fleischfund. Sie zeigt dieses Verhalten jetzt häufiger.

Beispiel für *keine Strafe*: Ihre Halterin beobachtet Miezi beim Sprung auf die Arbeitsplatte. Sie springt von ihrer Arbeit am Schreibtisch auf, läuft rüber, schmeißt Miezi aus der Küche und schimpft dabei lautstark: „Runter von der Arbeitsplatte! Du hast da nichts zu suchen." Drei Minuten später oder am nächsten Tag springt Miezi wieder auf die Arbeitsplatte. Das Verhalten (auf Arbeitsplatte springen) wurde durch die Konsequenzen (schimpfen, rausschmeißen) nicht für immer beendet. Miezi zeigt es erneut. Das Verhalten wurde damit nicht im lerntheoretischen Sinne gestraft.[35]

An dieser Stelle wird es jetzt noch ein bisschen komplizierter, weil man zusätzlich unterscheiden kann, auf welche Weise das Angenehme (Verstärkung) bzw. Unangenehme (Strafe) zustande kommen: durch Hinzufügen oder durch Wegnehmen. In der Lerntheorie werden diese vier denkbaren Konstellationen durch Bezeichnungen unterschieden, die nicht besonders leicht intuitiv zu erfassen sind: *Positiv* meint, etwas wird hinzugefügt, *negativ* bedeutet, etwas wird weggenommen. Daraus ergeben sich die folgenden Konstellationen:

Positive Verstärkung: Etwas Angenehmes wird hinzugefügt

Positive Verstärkung bedeutet: etwas Angenehmes wird hinzugefügt. Das Fleisch aus dem oberen Beispiel, das Miezi auf der Arbeitsplatte findet, wirkt als positiver Verstärker. Miezi „gewinnt" dieses Fleisch, als sie auf die Arbeitsplatte springt. Weitere Beispiele für positive Verstärker für Katzenverhalten können sein: Ansprache und Aufmerksamkeit, Spiel, die sich öffnende Tür, Bürsten.

[35] Dennoch würde ich das gerade beschriebene Vorgehen nicht empfehlen. Es verfehlt einerseits sein Ziel, birgt aber andererseits potenzielle Nebenwirkungen. Diese werden im Abschnitt *Mehr zu Strafe* ausgeführt.

Zwei Menschenbeispiele: Meine Katze verdreht genüsslich die Augen, wenn ich sie an einer bestimmten Stelle unter dem Kinn kraule. Ich kraule sie dort jetzt häufiger und länger, weil mir ihre Hingabe so zu Herzen geht. Mein Kraulverhalten wird also positiv verstärkt.

Nach längerer Zeit gehe ich endlich wieder Laufen. Ich fühle mich danach wach und entspannt und wunderbar frisch und bin außerdem stolz auf mich. Das motiviert mich, am übernächsten Tag gleich wieder loszulaufen.

Negative Verstärkung: Etwas Unangenehmes wird entfernt

Negative Verstärkung bedeutet: Etwas Unangenehmes fällt weg, so dass das Endresultat für die Katze angenehm ist. Negative Verstärkung setzt voraus, dass das Unangenehme zum Zeitpunkt der Handlung der Katze bereits vorhanden ist. Durch ihr Verhalten bewirkt die Katze, dass es aufhört. Beispiel: Großtante Gertrude ist zu Besuch. Sie und Miezi haben eigentlich ein inniges Verhältnis, also geht sie zu Miezi und streichelt sie. Miezi findet allerdings den Geruch von Gertrudes neuer Handcreme indiskutabel und möchte nicht gestreichelt werden. Sie wirft Gertrude einen empörten, starrenden Blick zu. Gertrude kennt sich mit Katzen aus und zieht ihre Hand sofort zurück. Miezis Verhalten (starren) wird durch die Beendigung des unangenehmen Streichelns negativ verstärkt – Miezi ist froh, dass die stinkende Hand sie nicht mehr berührt. Sie wird auch künftig wieder starren, wenn sie eine Berührung unangenehm findet. Weitere Beispiele können sein: Distanzvergrößerung, Lärm verebbt, Katze wird vom Arm runtergelassen.

Die Kehrseite der negativen Verstärkung ist unter Umständen direkt positive Verstärkung: Die Ruhe nach dem Lärm oder freies Bewegen nach dem Festhalten werden möglicherweise nicht als neutral, sondern als etwas wirklich Angenehmes bewertet.

Und wieder ein Beispiel für den Menschen: Die langen Zeiten am Laptop sorgen für Nackenverspannungen. Einige Gymnastikübungen für Nacken und Rücken machen mir an sich keinen Spaß, aber sie bewirken, dass die Spannungsschmerzen aufhören. Die regelmäßige Ausführung dieser Übungen wird also negativ verstärkt.

Negative Verstärkung kann auch sehr eng mit Meideverhalten verwoben sein. In diesem Fall versuchen Mensch oder Katze, einem *erwarteten* unangenehmen Ereignis zuvor zu kommen, indem sie sich auf eine bestimmte Art und Weise verhalten. Die Katze, die Besuch dauerhaft erfolgreich ausweicht, glaubt, durch ihr Verhalten Schlimmes verhindert zu haben. Wenn ich meinen Freund dazu bringe, dass er sich ans Steuer des ausgeliehenen Wohnmobils setzt und nicht ich, werde ich durch das Nicht-Verursachen eines möglichen Unfalls mit diesem Riesengefährt in meiner Rolle als Drückebergerin bestärkt.

Negative Strafe: Etwas Schönes wird entfernt

Negative Strafe bedeutet: Etwas Angenehmes, Schönes hört auf. Junge Katzen machen im Spiel mit ihren Wurfgeschwistern typischerweise die Erfahrung, dass ihr Geschwisterchen das Spiel beendet, wenn sie selbst zu ruppig mit Krallen und Zähnen umgehen. Hat die junge Katze diesen Zusammenhang verstanden und ist sie nun vorsichtiger im Spiel, dann wurde ihr Verhalten (mit ausgefahrenen Krallen zupacken) negativ bestraft (das schöne Spiel fällt weg).

Auch der Entzug von Aufmerksamkeit, das Wegnehmen von Futter, das Beenden des Kuschelns können als negative Strafe wirken. Gertrude etwa ist traurig, dass Miezi wegen des Cremegeruchs nicht mit ihr Kuscheln mag. Damit die von ihr herbeigesehnte Streichelstunde nicht erneut wegfällt, wäscht sie sich die Hände und benutzt die neue Handcreme für die Dauer ihres Besuchs nicht mehr. Der Gebrauch der Handcreme wurde durch Miezis Weigerung zu kuscheln negativ gestraft.

Ein klassisches und nicht sehr nettes Beispiel für negative Strafe im menschlichen Bereich wäre Liebesentzug oder die Rücknahme von etwas bereits Versprochenem bei nicht wunschgemäßem Verhalten.

Positive Strafe: Etwas Unangenehmes wird hinzugefügt

Der Ausdruck *positive Strafe* sorgt wahrscheinlich aufgrund der umgangssprachlichen Bedeutung von Strafe für die größte Verwirrung. Wie kann denn Strafe positiv sein? *Positive Strafe* im Rahmen der Lerntheorie bedeutet: Etwas Unangenehmes wird aktiv (hin)zugefügt. Das Verhalten, das dieses Unangenehme bewirkt hat, wird zwecks Vermeidung künftig nicht mehr gezeigt. Ein Beispiel: Miezi wagt sich draußen zum ersten Mal um eine bestimmte Hausecke herum. Auf der anderen Seite steht sie plötzlich dem Nachbarkater gegenüber, der sie ohne groß zu fackeln angreift und verletzt. Geht Miezi künftig nie wieder um diese Hausecke, dann wurde dieses Verhalten durch den Kater bzw. durch das Hinzufügen von Schreck, Schmerz und Angst positiv bestraft. Andere Beispiele für positive Strafe könnten sein: Anschreien, mit Wasser bespritzen, mit der Zeitung hauen, drohend auf die Katze zugehen, Einsatz von Schütteldosen/unangenehmen Geräuschen.

Ob etwas eine positive oder negative Strafe oder eine positive bzw. negative Verstärkung darstellt, ist also abhängig davon, wie die adressierte Katze es wahrnimmt und in welcher Form sie im Anschluss ihr Verhalten verändert. Erst im Anschluss können wir mit Sicherheit wissen, wie ein Reiz, eine Erziehungsmaßnahme oder eine Situation auf die Katze gewirkt haben. Die Katze allein entscheidet dabei darüber, was für sie angenehm oder unangenehm ist. Für Miezi zum Beispiel gehört ein Wasserstrahl, der sie trifft, zu den miesesten Dingen, die ihr passieren können. Für sie kann also ein Spritzer aus der Wasserpistole als positive Strafe für ein Verhalten wirken. Ihr Kumpel Tigger hingegen findet es lustig, Wasser zu fangen, egal ob aus dem Wasserhahn oder am Rasensprenger. Ein Spritzer aus der Wasserpistole könnte Tiggers Verhalten also durchaus positiv verstärken!

Wir Menschen sind wahre Meister in der Disziplin der positiven Strafe (wenngleich wir vorher nicht immer lerntheoretisch durchplanen, ob unsere Maßnahme geeignet ist, den erwünschten Erfolg zu erzielen). Typische positive Strafen unter Menschen, die das auslösende Verhalten dauerhaft hemmen können, sind zum Beispiel Schimpfen, das Gesicht verziehen, verletzende Äußerungen machen oder negative, persönliche Kritik üben.

Die folgende Tabelle[36] gibt noch einmal einen Überblick über die vier Varianten der operanten Konditionierung:

	beginnt	endet
Angenehmes	***Positive Verstärkung*** Angenehmes beginnt Verhaltenshäufigkeit steigt	***Negative Strafe*** Angenehmes endet Verhaltenshäufigkeit sinkt
Unangenehmes	***Positive Strafe*** Unangenehmes beginnt Verhaltenshäufigkeit sinkt	***Negative Verstärkung*** Unangenehmes endet Verhaltenshäufigkeit steigt

Positive Verstärkung ist im Umgang mit Katzen das Mittel der Wahl, um eine Verhaltensänderung zu bewirken.[37] Wie wir etwas weiter unten sehen werden, setzen wir sie aber manchmal auch unabsichtlich ein, indem wir auf ein eigentlich unerwünschtes Verhalten etwas folgen lassen, was für die Katze etwas Angenehmes, also eine Belohnung darstellt.

Der nächste Abschnitt zeigt, welchen Einfluss es auf das Lernen hat, wenn die Belohnungen nicht immer gleich ausfallen oder nur manchmal gegeben werden. Anschließend widmen wir uns weiteren lerntheoretischen Detailkonzepten, die uns helfen, die Wirkungsweise und typischen Nebenwirkungen von positiver und negativer Verstärkung bzw. positiver und negativer Strafe besser zu verstehen.

---

[36] Übernommen aus James O'Hearc, Trennungsangst beim Hund, S. 29, kursiv nicht im Original.

[37] Nicht nur für Katzen, auch für alle anderen Lebewesen stellt positive Verstärkung eine sehr angenehme Lernatmosphäre her.

Variable Belohnung

Die Konsequenzen, die auf ein Verhalten folgen, sind nicht immer genau gleich. Manchmal zieht ein Verhalten nur unter bestimmten Umständen gute Folgen (= Belohnung) nach sich, manchmal sind die Folgen vielleicht besonders schön, manchmal nur ganz annehmlich. Diese Varianz in den Folgen eines Verhaltens bleibt wiederum nicht ohne Nachspiel.

Es gibt zwei Varianten von variabler Belohnung: Zum einen kann man Belohnungen unterschiedlicher Qualität oder Quantität folgen lassen. Dies wird oft genutzt, um unterschiedlich gute Ausführungen einer Übung angemessen zu honorieren. Stellen Sie sich vor, Sie haben Ihrer Katze durch Clickertraining High Five beigebracht und Ihre Katze führt das auch zuverlässig aus. Heute ist sie aber z.B. abgelenkt durch Lärm an einer Baustelle nebenan. Wenn Ihre Katze jetzt zwar ihre Pfote zum High Five hebt, aber die hingehaltene Hand nur streift, bekommt sie ein Stückchen von ihrem normalen Trockenfutter. Der Trick war zwar nicht besonders gut ausgeführt, aber sie hat es ja immerhin trotz Ablenkung versucht. Für das nächste, perfekt positionierte High Five gibt es etwas, was Ihre Katze leckerer findet als das normale Trockenfutter (Qualität). Und wenn Ihre Katze dann noch bei einer anderen Übung einen Durchbruch erzielt, bekommt sie als Jackpot eine besonders große Portion von diesem besonders Leckeren (Quantität). Egal ob Trockenfutter, Leckerei oder Riesenleckerei, Ihre Katze bewirkt durch ihr Verhalten also immer eine positive Konsequenz und wird dadurch veranlasst, dieses Verhalten künftig häufiger zu zeigen.

Bei der zweiten Variante variabler Belohnung wird bewusst nicht mehr jede Ausführung eines Verhaltens belohnt, sondern es wird nach einem unregelmäßigen Schema mal belohnt, mal nicht belohnt. Dies soll ein bereits erlerntes Verhalten besonders festigen, da die Freude, wenn dann die Belohnung kommt, groß ist. Als Vergleich wird oft ein Spieler herangezogen, der Geld in einen Automaten steckt, obwohl er nur manchmal etwas dabei gewinnt. Seine Motivation weiterzuspielen ist hoch.

Ein typisches Katzenbeispiel für die potenzielle Macht variabler Belohnung führt uns wieder zur Arbeitsplatte in der Küche. Findet die Katze dort in unregelmäßigen Abständen etwas Leckeres, wird sie regelmäßig nachschauen gehen, ob heute nicht so ein Glückstag ist.

Wenn allerdings die Katze auf unseren Wunsch, auf unser Signal hin etwas tut und eine Belohnung erwartet, kann die ausbleibende Belohnung Frustration bewirken. Haben wir es nicht mit einer kleinen Spielernatur zu tun, könnte es passieren, dass wir durch unregelmäßige Belohnungen das Verhalten nicht festigen, sondern aus Versehen strafen. Einige eher passive Katzen stellen ihr Verhalten beim kleinsten Misserfolg sofort ein und geben uns keine Chance mehr, die nächste Ausführung zu belohnen. Wenn wir ein Verhalten aufrechterhalten wollen, sollten wir also nicht mit dem Gegensatz Belohnung – keine Belohnung, sondern mit unterschiedlichen Arten von Belohnungen spielen: Beim Einsatz von Futterbelohnung können wir für Miezi zum Beispiel wechseln zwischen normalem Trockenfutter (lecker), Trockenfutter mit kleineren Bröckchen (lecker), Käserolli (sehr lecker), kleinem Bröckchen Leckerlistange (sehr lecker), Stückchen gekochtes Huhn (extra lecker). Je nach Stimmung könnte man Miezi vereinzelt auch mit enthusiastischer Ansprache, einer kleinen Streicheleinheit oder einem wilden Spiel belohnen.[38]

Timing

Egal mit welcher Art der operanten Konditionierung wir es zu tun haben: Sie kann nur dann stattfinden, wenn die Konsequenz zeitlich direkt auf das Verhalten folgt. Uns steht ein eng begrenztes Zeitfenster zur Verfügung, wenn wir selber die Folgen eines Verhaltens für unsere Katze positiv oder negativ gestalten wollen: Damit keine Verwirrung auftritt, sollten die angenehmen/unangenehmen Konsequenzen unmittelbar in dem Moment erfolgen, in dem das Verhalten gezeigt wird. Eine Sekunde später macht die Katze vielleicht schon

[38] Zur Erinnerung: Was als Belohnung gilt, entscheidet die jeweilige Katze mit ihren individuellen und situationsabhängigen Vorlieben und Bedürfnissen.

etwas ganz anderes und ordnet die Konsequenzen entsprechend falsch zu. Eine Verknüpfung kann außerdem nur dann entstehen, wenn die Konsequenzen wirklich erst im Anschluss an das Verhalten auftreten, und nicht schon vorher.

Mehr zu Strafe

Damit eine vom Menschen als Strafe gedachte Aktion tatsächlich im lerntheoretischen Sinne eine positive Strafe ist und bewirkt, dass ein Verhalten bald gar nicht mehr gezeigt wird, muss sie mehrere Bedingungen erfüllen: Sie muss unmittelbar auf das Verhalten erfolgen (max. 1 Sek). Sie muss jedes Mal erfolgen, wenn das Verhalten auftritt (und nicht nur manchmal). Sie muss genau das richtige Maß treffen – genug, um sehr unangenehm zu sein, aber nicht so heftig, dass kein Lernen mehr stattfinden kann. Die als solche gedachte Strafe muss von der Katze auch noch mit dem zu strafenden Verhalten in Verbindung gebracht werden. All diese Kriterien zu erfüllen, ist recht schwierig.

Ein weiteres Problem: Die Katze weiß bestenfalls, was sie ab jetzt lassen soll, aber sie weiß noch nicht, wie sie sich richtig verhalten kann. Beispiel: Miezi wird von ihrer Halterin in flagranti dabei ertappt, wie sie ihr kleines Geschäft erstmalig auf dem Flurteppich verrichtet. Die Halterin verpasst Miezi eine Ladung aus der Wasserpistole. Zwei Tage später pinkelt Miezi auf den Teppich im Arbeitszimmer. Wie kann das sein? Timing und Maß der Strafe waren für Miezi genau richtig und sie hat es auch mit ihrem Verhalten in Verbindung gebracht. Sie wird nicht wieder auf den Flurteppich machen, weil sie nicht von der Wasserpistole getroffen werden möchte. Aber Miezi weiß nicht, dass ihre Halterin auch nicht möchte, dass der Arbeitszimmerteppich als Katzenklo benutzt wird. Wird sie auch für die Umfunktionierung des zweiten Teppichs bestraft, wird sie sich logischerweise weitere neue Stellen suchen. So lange, bis die Halterin an den Kern des Problems geht und herausfindet, warum Miezi plötzlich nicht mehr zuverlässig die angebotenen Katzentoiletten benutzt und entsprechend passende Angebote macht.

Und was würde eigentlich passieren, wenn Miezi nicht versteht, dass sie den Spritzer aus der Wasserpistole durch ihre Ortswahl ausgelöst hat? Wenn sie denkt, ihr Mensch wird jetzt immer so etwas Schlimmes machen, wenn sie uriniert? Regelmäßiges dauerhaftes Einhalten von Urin (bis der

Mensch das Haus verlässt) kann sich negativ auf die Gesundheit der Katze auswirken. Und wie kann sie sicher sein, dass ihr Mensch nicht auch in anderen Situationen gefährlich wird?

Gerade Wasserpistolen werden häufig als sogenannte *anonyme Strafen* angepriesen. Tatsächlich sind Katzen absolut in der Lage zu verstehen, wer da gerade den Wasserstrahl auf sie niedergehen lässt und sich ihnen gegenüber damit wenig vertrauenswürdig verhält. Speziell vorbereitete Krachfallen hingegen sind echte anonyme Strafen. Soll eine Katze z.B. die Arbeitsplatte nicht betreten, wird ihr dort eine Falle gestellt, indem etwa leere Konservendosen dort so drapiert werden, dass sie laut krachend zusammenfallen, sobald die Katze hochspringt. Die Idee dahinter ist, dass die Katze sich erschrickt und dieses Erlebnis nicht wiederholen möchte. Die Gefahr dabei ist, dass die Katze den lauten Krach nicht mit ihrem eigenen Hochspringen verknüpft, sondern mit ihrem Katzenkumpel, der zeitgleich in der Küchentür erscheint. Jetzt haben wir keine Katze, die nicht mehr auf Küchenplatten springt, sondern eine, die ihren Kumpel angreift, wann immer sie ihn sieht. Schade.

Neben solchen typischen, unmittelbaren Nebenwirkungen von Strafe bzw. Strafversuchen gibt es eine weitere: Katzen zeigen eine gewisse Neigung dazu, im Falle von besonders starken Angstmomenten bzw. länger andauernden oder häufiger auftretenden Angst- oder Anspannungszuständen eine sogenannte generalisierte Angststörung zu entwickeln. Die Angst wird zum Dauerzustand. Die Symptome einer Angststörung stellen dabei oft selbst neue Problemfelder dar (z.B. abwehrende Aggressionen, dauerhafter Rückzug, Unsauberkeit, exzessives Putzverhalten).

Diese kaum zu kontrollierenden und schwerwiegenden möglichen Nebenwirkungen für die Katze (und als Konsequenz für den Menschen) sprechen neben ethischen Überlegungen gegen einen Einsatz von Strafen als Erziehungsmaßnahme.

Was geschieht noch beim Lernen?

Wir wissen jetzt, dass Katzen in der Lage sind, Verknüpfungen zwischen Ereignissen herzustellen und aus ihren Erfahrungen zu lernen. Mit den nächsten Abschnitten gehen wir noch einen Schritt weiter: Kann die Katze das Gelernte auf neue Situationen übertragen (Generalisierung)? Kann sie etwas, was sie einmal gelernt hat, auch wieder verlernen? Und schließlich wird es um die Verknüpfung von Situationen und Gefühlen gehen.

Generalisierung

Katzen lernen bei der klassischen Konditionierung, dass ein Reiz (z.B. ein Ereignis, ein Gegenstand, eine Situation) einen anderen Reiz ankündigt, und bei der operanten Konditionierung, dass sie durch ihr eigenes Verhalten eine bestimmte Konsequenz bewirken. In beiden Fällen kann bzw. muss der gelernte Zusammenhang generalisiert werden: Die Katze lernt, dass die Reize auch in abgewandelter Form relevant sind (leichte Änderungen in Aussehen, Klang, Lautstärke) und der Zusammenhang nicht nur in einem speziellen Kontext besteht, sondern in ganz unterschiedlichen Situationen (in verschiedenen Zimmern, drinnen und draußen, mit Herrchen und Frauchen, mit dem dunkelhaarigen und mit dem blonden Besuch etc.).

Wie funktioniert das?

Die Glocke, die Miezis Käserolli ankündigt, ist ein kleines bisschen kaputt gegangen. Sie klingt jetzt manchmal etwas dumpfer und sie klingelt auch nicht immer gleich lange. Wenn aber trotz dieser kleinen Abweichungen verlässlich der Käserolli erscheint, wird Miezi die Lernleistung vollbringen, die als Generalisierung bezeichnet wird: Egal wie die Glocke klingt, Miezi erwartet einen Käserolli.

Tigger hat vor kurzem gelernt, dass er sich Click und Belohnung verdienen kann, wenn er seinem Menschen High Five gibt – nachmittags auf dem Wohnzimmerteppich. Hält ihm sein Mensch die gleiche Signalhand im Schlafzimmer hin, wird Tigger ihn vermutlich erst einmal ratlos anschauen und vielleicht sein Köpfchen an der Hand reiben. Ihm ist nicht automatisch klar, dass die Hand in dieser Position jetzt ein High-Five-Signal ist, unabhängig davon, wo Tigger und sein Mensch sich gerade befinden. Und ihm ist erst recht nicht klar, dass das sogar auch mit anderen Menschen funktioniert, sogar spätabends und auf anderem Untergrund. Er hat das High Five noch nicht generalisiert. Dies geschieht erst durch klug aufgebautes Training mit seinem Menschen.

Wie schwer oder wie leicht es Katzen fällt, ein Verhalten zu generalisieren, ist von Katze zu Katze und von Verhalten zu Verhalten unterschiedlich. Es ist wichtig, dass wir wissen, dass die Übertragung einer Lernleistung in einen anderen Kontext einen zusätzlichen Lernschritt darstellt, der nicht selbstverständlich ist und nicht ohne weiteres stattfindet.

Es funktioniert nicht mehr - Löschen

Wenn ein Verhalten regelmäßig gezeigt wird, dann muss es sich für die Katze in irgendeiner Weise lohnen. Es wird also entweder positiv oder negativ verstärkt (etwas Gutes kommt hinzu oder etwas Unangenehmes fällt weg) und die Katze hat diesen Zusammenhang verstanden. Sind die Konsequenzen aber nun plötzlich nicht mehr lohnenswert, verliert das Verhalten seinen Zweck und die Katze wird es nicht mehr zeigen. Der Zusammenhang zwischen dem Verhalten und seinen angenehmen Folgen wird *gelöscht*.[39] Allerdings erfolgt das in der Regel nicht so einfach und flüs-

[39] Wird ein Verhalten hingegen durch positive Strafe gehemmt, wird dies nicht als Löschung bezeichnet. Der Begriff *Löschung* klingt allerdings unwiderruflicher, als eine solche Löschung tatsächlich ist. Das betroffene Verhalten bzw. die Verknüp-

sig, wie es gerade klingt. Bevor das Verhalten nicht mehr gezeigt wird, kann man häufig den sogenannten Löschungstrotz beobachten: gesteigerte Anstrengung, Frustration, Ärger. „Das hat doch sonst immer funktioniert – wieso geht das jetzt plötzlich nicht mehr?!!“ Mein Lieblingsbeispiel ist der Kaffeeautomat, der normalerweise Kaffee gegen Geld ausgibt. Sie stecken Geld hinein, drücken die entsprechende Taste – und nichts passiert. Irritation. Sie holen das Geld wieder raus, stecken es erneut hinein, drücken die Taste – nichts.

Ab jetzt wird es je nach Charakter unterschiedlich weitergehen. Vielleicht nehmen Sie Ihr Geld und gehen, denn der Automat ist ganz offensichtlich kaputt. Vielleicht erhöhen Sie aber auch Ihre Anstrengungen, reiben das Geldstück am Automaten und werfen es erneut ein. Oder Sie streicheln den Automaten. Oder Sie klopfen leicht dagegen. Vielleicht sprechen Sie mit ihm? Bitten ihn um den Kaffee? Herrschen ihn an, dass er den verdammten Kaffee endlich ausspucken soll? Treten dagegen? Das ist Löschungstrotz. Löschung geht immer, zumindest einen Moment lang, mit Gefühlen wie Frustration, Ärger oder Verunsicherung einher. Das gilt für Menschen genauso wie für Katzen. Die Balkontür geht plötzlich nicht mehr auf, wenn Miezi davor miaut. Sonst kam doch immer sofort der Mensch. Oder beinahe sofort. Es kann doch nicht angehen, dass das jetzt nicht mehr so ist? Miezi miaut lauter. Dann kläglicher. Dann krakeelt sie und dreht sich dabei im Kreis. Schließlich legt sie sich auf die Heizung. Nach mehreren solchen frustrierenden

---

fung muss nach einer Löschung nicht gänzlich neu gelernt werden. Tatsächlich erinnern sich Mensch und Katze unglaublich gut an die ursprüngliche Verknüpfung, sobald auch nach längerer Zeit nur ein einziges Mal wieder eine positive Verstärkung auftritt. Die Verknüpfung scheint also vielmehr *eingefroren* oder *stillgelegt* zu sein.

Situationen versucht Miezi nicht mehr, den Menschen durch Miauen zum Öffnen der Balkontür zu bewegen.[40]

Grundsätzlich lässt sich feststellen: Je regelmäßiger, je verlässlicher vorher die Belohnung erfolgt ist, desto kürzer dauert die Phase des Löschungstrotzes an. Es tritt dann ziemlich schnell die Erkenntnis ein, dass nicht mehr funktioniert, was vorher immer so schön geklappt hat. Wurde ein Verhalten aber vorher variabel belohnt (mal kam eine Belohnung, mal nicht), dann dauert es sehr viel länger, bis aufgegeben wird. Der Kaffeeautomat hatte schon immer mal komische Momente, in denen er erst beim 3. Versuch den Kaffee ausgegeben hat? Dann werden Sie wahrscheinlich sieben, acht, neun, zehn Versuche unternehmen, bevor Sie sich nach einer anderen Kaffeequelle umsehen.

Konditionierte emotionale Reaktion

Bei der operanten Konditionierung verknüpft die Katze ein Verhalten mit einer Konsequenz. Als Ergebnis zeigt sie ein bestimmtes Verhalten künftig absichtlich häufiger oder seltener bzw. gar nicht mehr. Bei der klassischen Konditionierung hingegen werden unwillkürliche, physiologische Reaktionen auf einen konditionierten Reiz ausgelöst – die Katze hat darüber weder Kontrolle noch Entscheidungsgewalt. Das typische und auch oben erwähnte Beispiel für so eine unwillkürliche Reaktion ist das Speicheln nach Erklingen des Glockentons. Aber es findet noch mehr statt: Da die Glocke einen begehrten Käserolli ankündigt, erzeugt sie auch eine emotionale, in diesem Fall freudige Reaktion. Wenn nicht erst der Käserolli selbst, sondern schon der Glockenton Miezi in Wonne, nämlich in freudige Erwartungshaltung versetzt, spricht man von der sogenannten *konditionierten emotionalen Reaktion* (KER). Orte, Gerüche, Geräusche, Sozialpartner können also aufgrund von Erfahrungen mit bestimmten Gefühlen und Stimmungen verknüpft werden. Der Mensch, der das Glöckchen läutet, das den Käserolli ankündigt, versetzt Miezi durch sein Erscheinen sofort in gute Stimmung – es passieren immer leckere Sachen, wenn er da ist. Der oben genannte Katzenkumpel hingegen, der aus Versehen am Ort des Ge-

[40] Fairerweise hat Miezis Halter zeitgleich eine Katzenklappe eingebaut, so dass Miezi auch nicht mehr auf ihn angewiesen ist.

schehens auftaucht, als die Krachfalle zuschnappt, löst jetzt in seiner Mitkatze Angst und Unbehagen aus. Sie erwartet weiteres Ungemach.

Die klassische Konditionierung von emotionalen Reaktionen auf bestimmte Reize oder Ereignisse läuft immer mit, wenn eine Katze Erfahrungen macht, d.h. wenn sie lernt. Dies gilt folglich auch für Lernen durch operante Konditionierung: Nicht nur die Konsequenzen des Verhaltens werden gespeichert, sondern auch der Ort des Geschehens, alle Beteiligten und die mit der Situation verbundenen Emotionen. Die damit einhergehenden Gefühle und Stimmungen werden sich auf das Wohlbefinden der Katze sowie ihr weiteres Verhalten und ihr Vertrauen in die beteiligten Lebewesen auswirken.

Natürlich gibt es die konditionierte emotionale Reaktion bei Menschen genauso wie bei Tieren: Wenn ich z.B. im Winter an Sonnencreme rieche, durchläuft mich ein wohliger Schauer und ich befinde mich innerlich sofort am Strand, höre Wellen rauschen und spüre Sand unter den Füßen. Perfekte positive konditionierte Reaktion. Wenn ich hingegen mit dem Fahrrad an einem bestimmten Metallpoller vorbeifahre, zieht sich mir der Magen zusammen und ich fühle mich elend. Ursache dafür ist ein Fahrradunfall, den ich dort vor einigen Jahren hatte. Seitdem bin ich unzählige Male an dieser Stelle vorbeigefahren, ohne dass etwas passiert ist, aber die negative konditionierte Reaktion ist immer noch stark.

Katzengefühle und -verhalten gezielt verändern: Gegenkonditionierung

Klassische und operante Konditionierungen müssen nicht „einfach so" passieren und wir müssen nicht hilflos zusehen, wie unsere Katzen bestimmte Verknüpfungen herstellen. Wir können dafür sorgen, dass unsere Katzen bestimmte Erfahrungen machen. Optimalerweise sorgen wir dafür, dass diese Erfahrungen gute Erfahrungen sind und zu einem Verhalten in unserem Sinne führen. Aber selbst wenn – oder sogar *gerade* wenn – die Katze schon sprichwörtlich in den Brunnen gefallen ist, können wir uns Konditionierung zunutze machen: Wir können absichtlich Konditionierungsprozesse gestalten, um frühere Lernerfahrungen unserer Katzen zu überschreiben und neue Verknüpfungen zu etablieren. Wir arbeiten dabei also gegen bereits vorhandene Verknüpfungen an. Diese sogenannte Gegenkonditionierung kann in einer klassischen sowie einer operanten Variante vonstattengehen, je nachdem welche der Lernebenen wir verstärkt ansprechen wollen – mehr die emotionale Ebene oder die Verhaltensebene.

Klassische Gegenkonditionierung: Stimmungsänderung

Bei der klassischen Konditionierung wird ein Reiz zur Ankündigung von etwas anderem. Im Leben von Katzen gibt es häufig Reize, die etwas für die Katze Unangenehmes ankündigen und damit auf emotionaler Ebene eine konditionierte negative Reaktion (z.B. Angst, Unsicherheit) hervorrufen, die wiederum bestimmte Verhaltensweisen begünstigt (z.B. Verstecken). Wenn man die (emotionale) Reaktion der Katze auf einen bestimmten Reiz verändern möchte, muss man die Verknüpfung verändern, d.h. anstelle des Unangenehmen lässt man regelmäßig und unmittelbar auf diesen Reiz etwas für die Katze äußerst Angenehmes folgen. Bei Reizen, die sehr starke konditionierte Emotionen auslösen, arbeitet man zusätzlich mit der sogenannten *Desensibilisierung*. Das bedeutet, dass man den Reiz nicht in seiner gewohnten Ausprägung, sondern deutlich schwächer auftreten lässt, so dass er auch nur moderate Reaktionen und Emotionen auslöst[41]. Dies erreicht man häufig durch eine größere Distanz zwischen Reiz und Katze, durch physische Schutzbarrieren zwischen Katze und Reiz, durch Verringerung der Lautstärke/Intensität/Dauer. Man präsentiert also den entsprechenden Reiz in abgeschwächter Form und verknüpft ihn mit etwas besonders Schönem.

Ein Beispiel: Miezi flieht immer sofort aus der Küche, wenn ihr Mensch die Alufolie aus der Schublade holt. Die Folie in der Hand des Menschen ist für sie verknüpft mit dem fürchterlichen Geräusch von abreißender Alufolie, dem sie entgehen möchte. Hier könnten wir an zwei Punkten mit klassischer Gegenkonditionierung ansetzen:

1. In dem Moment, in dem der Mensch die Alufolie in die Hand nimmt, wirft er Miezi einen ihrer heißgeliebten Käserollis zu. Danach wird die Alufolie sofort wieder weggelegt. Nach einigen Wiederholungen wird Miezi beim Anblick der Folie in der Hand des Menschen nicht mehr fliehen, sondern in freudiger Erwartung vor ihm stehen.

2. Der zweite Schritt bestünde in der Arbeit am Geräusch, das die Alufolie verursacht, denn das ist für Miezi ja noch immer unangenehm. Auch dieses Geräusch können wir auf die gleiche Weise mit klassischer Gegenkonditionierung zur Ankündigung von etwas Tollem machen und damit Miezis

[41] Achtung: Misslingt die Abschwächung des z.B. Angst auslösenden Reizes und endet die Situation in einem Moment, in dem die Katze sehr aufgeregt ist, kommt es zum gegenteiligen Effekt, der sogenannten Sensibilisierung. Der Reiz ist jetzt noch mächtiger als vorher.

Empfindungen und Reaktionen darauf verändern. Dafür kommt zusätzlich die Desensibilisierung ins Spiel. Der Mensch legt erst nur eine Hand auf ein Stück Alufolie und erzeugt so ein leises Rascheln und beglückt Miezi im nächsten Moment wieder mit einem Käserolli. Nach einigen Wiederholungen macht er für kurze Zeit ganz leichte Bewegungen auf der Alufolie – Käserolli. Ist das für Miezi okay, steigert er das Rascheln an der Alufolie in kleinen Schritten, wofür immer Käserollis fliegen. Die Steigerung sollte so langsam erfolgen, dass Miezi die Geräusche in jedem Moment noch aushalten kann und nicht fliehen muss. Nach einigem Training (wahrscheinlich über mehrere Trainingseinheiten und Tage hinweg) ist der Zeitpunkt gekommen, am ursprünglichen Reiz, dem Abreißen der Alufolie zu arbeiten: Abreißen und Jackpot in Form von mehreren Käserollis für Miezi.

Das Geräusch der Alufolie wird durch diese klassische Gegenkonditionierung nicht unbedingt Musik in Miezis Ohren, aber durch den neuen Ankündigungscharakter verändert sich Miezis emotionale Reaktion auf das unangenehme Geräusch und damit auch ihr Verhalten.

Klassische Gegenkonditionierung kann natürlich auch andersherum ablaufen: Ein vorher positiv verknüpfter Reiz, der entsprechend freudige Reaktionen ausgelöst hat, wird systematisch mit etwas Unangenehmen gekoppelt. Damit bewirkt man eine negative emotionale Konditionierung. Da diese niemals mit Wohlergehen einhergeht und unerwünschte Nebenwirkungen mit sich bringen kann, wird es in diesem Buch keine Vorschläge für den Einsatz von klassischer Gegenkonditionierung in diese Richtung geben. Wir werden sie ausschließlich nutzen, um negative emotionale Reaktionen in positive umzuwandeln.

Operante Gegenkonditionierung: Verhaltensänderung

Bei der operanten Gegenkonditionierung geht es darum, der Katze eine alternative Verhaltensweise in schwierigen Situationen an die Hand bzw. an die Pfote zu geben. Ein eigentlich unangenehmer Reiz wird damit zur Gelegenheit, sich durch ein bestimmtes Verhalten eine Belohnung zu verdienen. Damit die Katze überhaupt in der Lage ist, ein anderes Verhalten als die bereits gewohnte negative Reaktion zu zeigen, arbeitet man auch hier in der Regel mit Desensibilisierung.

Beispiel: Tigger kann das ferngesteuerte Auto, mit dem sein kleiner Mensch häufig spielt, nicht leiden. Wenn er sich im gleichen Raum mit dem fahrenden Auto befindet, stürzt er sich darauf. Es ist nicht ganz klar, ob es das Geräusch des Autos oder dessen Bewegung oder die Kombination aus beidem ist, die Tigger explodieren lässt. Um überhaupt einen Fuß in die Tür zu bekommen, setzt sich ein großer Mensch mit Tigger so in ein anderes Zimmer, dass Tigger das Auto aus wirklich großer Entfernung beobachten kann. Nun entscheidet man sich für ein bestimmtes Verhalten, z.B. das bewegungslose Angucken des Autos. Wann immer Tigger das Auto einfach nur beobachtet, lässt man Leckeres regnen. Tigger lernt: „Wenn ich das fahrende Auto ruhig anschaue, bekomme ich etwas Leckeres.“ Dies bereitet ihm ein angenehmeres Gefühl, als sich voller Ärger auf das Auto zu stürzen, und er zeigt dieses (Wunsch-)Verhalten künftig häufiger. Schritt für Schritt wird dieses Alternativverhalten mit Tigger dann in etwas geringerer Distanz zu dem fahrenden Auto geübt, bis er es sogar zeigen kann, wenn er sich im gleichen Raum befindet.

Alltag mit der Katze: Anwendung der Lerntheorie

Wenn man weiß, auf welche Weise Katzen aus Erfahrung lernen, kann man sich das auf zweierlei Art zunutze machen: Erstens kann man analysieren, warum eine Katze sich als Reaktion auf bestimmte Reize auf eine bestimmte Weise verhält bzw. warum sie ein bestimmtes Verhalten aufrechterhält. Zweitens können wir die lerntheoretischen Kenntnisse nutzen, um eine Strategie zu entwickeln, wie wir das Verhalten der Katze ändern können – und zwar auf möglichst freundliche und konstruktive Weise. Wenn wir eine Verhaltensänderung erreichen möchten, lauten die zentralen Fragen:

- Warum zeigt die Katze ihr aktuelles Verhalten bzw. warum hat sie aufgehört, sich auf eine eigentlich erwünschte Weise zu verhalten? Welche Stimmung ist mit der entsprechenden Situation/mit dem Verhalten verbunden? Wodurch wird das Verhalten aufrechterhalten?

- Wenn die Katze etwas lassen soll: Was soll sie stattdessen tun? Wie können wir die Katze dazu motivieren, das von uns gewünschte Verhalten zu zeigen?

Bei der Analyse eines Verhaltens müssen wir zudem immer noch zwei weitere Frage stellen, damit wir nicht zwar lerntheoretisch korrekt arbeiten, aber dennoch am Ziel vorbeischießen:

1. Sind die Grundbedürfnisse der Katze erfüllt und damit überhaupt die Voraussetzungen dafür geschaffen, dass sie sich unseren Wünschen gemäß verhalten kann? Worin liegt das unerwünschte Verhalten der Katze ursächlich begründet? Wenn etwas Grundlegendes im Leben der Katze schief läuft und Gefühle wie Frustration oder Unsicherheit hervorruft, dann können sich diese Gefühle in unterschiedlichsten Situationen bemerkbar machen. Natürlich können wir an jeder einzelnen Situation arbeiten und für entsprechende Lernerfahrungen sorgen. Statt die Halterin anzugreifen, wenn sie länger als 5 Minuten telefoniert, kann die Katze sich z.B. Leckereien für das Warten auf einem bestimmten Platz verdienen. Und Ähnliches trainiert die Halterin für die Momente, wenn sie aus der Dusche

steigt. Und für die Zeiten, in denen sie Besuch hat. Und ... Dies wäre die Arbeit an den verschiedenen Auslösern für ein unerwünschtes Verhalten (Telefonieren, Zeit im Bad verbringen, Aufmerksamkeit des Menschen ist nur beim Besuch und nicht bei der Katze). Die Alternative dazu wäre die Identifizierung und Veränderung der eigentlichen Ursache des Verhaltens, etwa chronische Unterforderung. Regelmäßiges Clickertraining und Futterbeschäftigungen könnten den Frust auflösen, der sich sonst in unterschiedlichen Momenten Bahn bricht, so dass Angriffssituationen gar nicht mehr entstehen. Die Behebung der *Ursachen* eines Problems ist für den Menschen manchmal insgesamt sogar weniger zeitaufwändig als das direkte Training am Problem. Meines Erachtens sollte die Behebung der Ursachen aber vor allem eine ethische Selbstverständlichkeit sein, da sie die Lebensqualität der Katze steigern und ihr Leid ersparen. Die Arbeit an den *Auslösern* ist dann während einer Übergangszeit sinnvoll, wenn das unerwünschte Verhalten bereits gelernt und zur Gewohnheit geworden ist.

2. Ist die Katze gesund? Physische und psychische Gesundheit sind notwendige Voraussetzungen dafür, dass die Katze Neues aufnehmen und lernen kann. Nur wenn die Katze körperlich in guter Verfassung und frei von Schmerzen und Zipperlein ist und nur wenn sie emotional stabil ist (und weder an starken Ängsten noch Depressionen leidet), können wir in unbedenklicher Weise mit der Katze an problematischen Verhaltensweisen arbeiten. Natürlich lernt auch eine kranke Katze. Aber sie wird möglicherweise zum Beispiel nicht so empfänglich für positive Konsequenzen in Form von Futter sein wie eine gesunde Katze. Nicht nur, aber insbesondere bei plötzlichen und untypischen Verhaltensänderungen sollten Sie Ihre Katze tierärztlich durchchecken lassen. Zeigt Ihre Katze deutliche psychische Probleme, kann Ihnen die Unterstützung durch qualifizierte Verhaltensexpert/innen einiges an Zeit und Mühe und Ihrer Katze viel Leid ersparen.

Die weiter oben dargelegte Lerntheorie ist für uns ein unersetzliches Instrument, um Verhalten zu verstehen und beeinflussen zu können – und sie gilt wirklich auch für Katzen, während die Klischees von der nicht erziehbaren und völlig unbeeinflussbaren, autonomen und typischerweise ängstlichen Katze einfach nicht haltbar sind.

Natürlich gestalten Katzen innerhalb der vorgegebenen Grenzen ihre Aktivitäten recht selbstständig. Dabei reagieren sie jedoch ständig auch auf das Verhalten ihrer kätzischen und menschlichen Mitbewohner und auf andere Reize in ihrer Umwelt. Die Vorlieben und Abneigungen einer Katze sind nicht nur arttypisch bedingt und in den ersten Lebenswochen geprägt. In nicht zu unterschätzendem Umfang sind sie erlernt und können sich im Laufe der Zeit durch neue Lernerfahrungen verändern. Entscheidungen für oder gegen ein Verhalten sind von früheren Erfahrungen abhängig. *Jede Katze lernt 24 Stunden am Tag, 7 Tage die Woche, ja selbst im Schlaf, während dem Erlebnisse und Erfahrungen verarbeitet werden.*[42]

Eine Angstreaktion auf einen unbekannten Reiz ist für eine Katze zwar zunächst sinnvoll, da sie als recht kleines Tier leicht verwundbar ist. Als Dauerzustand oder regelmäßig wiederkehrende Emotion aber ist Angst ungesund und senkt die Lebensqualität drastisch. Katzen können genauso wie Menschen Ängste überwinden (und sollten dabei jede Hilfe bekommen, wenn der auslösende Reiz absehbar regelmäßig auftritt). Die in der Sozialisierungsphase gemachten oder auch versäumten Erfahrungen und erworbenen Fähigkeiten bilden den mehr oder weniger fruchtbaren Boden für das spätere (Um-)Lernen.

---

[42] Tiefschlaf spielt beim Lernen eine bedeutungsvolle Rolle. Während dieser Schlafphase wird Erlebtes aus dem Arbeitsspeicher in den Langzeitspeicher verschoben.

Wie oben ausführlich beschrieben wurde, lernt die Katze wie Menschen, Hunde, Pferde und andere Lebewesen durch die Verknüpfung von gekoppelten Reizen (klassische Konditionierung) und durch die Konsequenzen ihres Handelns (operante Konditionierung). Hat ein Verhalten unschöne Konsequenzen in Form von positiver Strafe (etwas Unangenehmes geschieht) oder negativer Strafe (etwas Angenehmes hört auf), wird die Katze dieses Verhalten künftig seltener, kürzer oder in geringerer Intensität zeigen. Folgen hingegen auf ein Verhalten positive Konsequenzen durch positive Verstärkung (etwas Schönes passiert) oder negative Verstärkung (etwas Unangenehmes endet), wird dieses Verhalten der Katze häufiger, länger oder in stärkerer Intensität auftreten. Bei jedem operanten Lernvorgang schwingt zusätzlich eine klassische Konditionierung auf der emotionalen Ebene mit, die *konditionierte emotionale Reaktion* (KER). Beim Lernen aus negativen Konsequenzen wird die Lernsituation klassisch mit der empfundenen negativen Emotion wie Angst, Unsicherheit, Frustration, Wut verknüpft. Lernsituationen, die in früheren Situationen positive Folgen hatten, lösen als KER Freude, Entspannung, Wohlgefühl aus. Diese Lerngesetze gelten immer, und nicht nur, wenn wir Menschen gerade wollen, dass unser Tier etwas lernt.

In den nun folgenden Kapiteln werde ich verschiedene Alltagssituationen zwischen Katze und Mensch bzw. typische Handlungen von uns Katzenhaltern lerntheoretisch analysieren. Der Fokus liegt dabei auf Situationen mit Konsequenzen, die vom Menschen normalerweise (so) nicht beabsichtigt sind. Die verschiedenen Beispiele sollen helfen, Sie mit der lerntheoretischen Analyse vertraut zu machen, so dass Sie diese künftig selber auf individuelle Situationen mit Ihrer eigenen Katze anwenden können. Aus diesem Grund liefere ich auch nicht sofort mögliche Lösungen. Erst im letzten Abschnitt betrachten wir, welche Handlungsweisen sich ableiten lassen, so dass die unerwünschten negativen Folgen vermieden bzw. durch schöne Konsequenzen ersetzt werden können.

Handlungen mit negativen Folgen für Mensch <u>und</u> *Katze*

Im Bereich der mit Körperkontakt und Nähe verbundenen Interaktionen zwischen Mensch und Katze kommt es leicht zu Schwierigkeiten und

Missverständnissen, die weitreichende oder andauernde Konsequenzen haben können:

„Meine Katze kommt nie zum Kuscheln." - der Unterschied zwischen aktiver und passiver Nähe

Wenn eine Katze in die Nähe des Menschen kommt, sich dort hinlegt, sich putzt oder sich zum Schlafen einrollt, reagiert der Mensch häufig mit aktivem Körperkontakt, d.h. er beginnt die Katze zu streicheln. Die eigentlich unerwünschte Berührung stellt für die Katze eine unangenehme Konsequenz (positive Strafe) auf die Positionswahl in der Nähe des Menschen dar. Die Berührung bzw. der Körperkontakt sowie u.U. der Ort des Geschehens werden dabei möglicherweise klassisch negativ verknüpft mit Emotionen wie gefühlter Anspannung, Einengung, Bedrängnis oder gar Bedrohung. Als Ergebnis der operanten Konditionierung und der konditionierten emotionalen Reaktion, KER, wird die Katze folglich seltener diesen speziellen oder überhaupt einen Platz dicht beim Menschen wählen. Stattdessen wird sie ihn meiden, wenn sie nicht von sich aus in ausgesprochener Kuschelstimmung ist.

Missverständnisse beim Streicheln

Auch wenn Mensch und Katze sich zeitgleich in Kuschelstimmung befinden und sie in die Tat umsetzen, kann diese schöne Situation einen negativen Nachgeschmack bekommen. Ein unaufmerksamer Mensch berührt beim Streicheln allzu leicht Körperstellen, an denen die Katze nicht berührt werden mag, oder krault sie einfach weiter, wenn das Bedürfnis der Katze längst gestillt ist. Dies geht in der Regel mit der Missachtung der Körpersprache der Katze einher, die längst Unwillen signalisiert. In diesem Szenario finden zahlreiche Konditionierungsprozesse statt:

Angenehme Berührungen werden zur Ankündigung von unangenehmen Berührungen (klassische Konditionierung). Entsprechend verlieren die ursprünglich angenehmen Berührungen ihre positiven emotionalen Konnotationen und lösen in der Katze negative Emotionen aus (KER). Die Katze lernt auf der operanten Ebene, dass „friedliche" körpersprachliche Distanzierungskommunikation erfolglos ist bzw. zur Fortführung der unangenehmen Berührungen führt (positive Strafe) und wird diese seltener oder kürzer bzw. weniger deutlich zeigen. Gleichzeitig lernt sie vermutlich früher oder später, wenn sie nicht einfach immer selber die Situation durch Weggehen beendet, dass tätliche Aggressionen (Kratzen, Beißen) zielführend, nämlich Distanz vergrößernd wirken (positive Verstärkung) und wird diese schneller und häufiger einsetzen (operante Konditionierung). Schließlich wird die Aktion „Ich gehe zu meinem Menschen kuscheln" aus Katzensicht positiv bestraft (operante Konditionierung) und die Katze wird dies folglich seltener oder gar nicht mehr tun.

„Komm mal, Miezi!" – ein Ruf mit unschönen Folgen

Menschen rufen manchmal ihre Katze unbedacht herbei, um dann etwas Unangenehmes mit ihr zu machen, wie z.B. Medikamente zu verabreichen oder eine verfilzte Stelle aus dem Fell zu schneiden. Das Herankommen wird damit positiv bestraft und die Katze wird künftig seltener, zögerlicher oder gar nicht mehr auf Rufen reagieren (operante Konditionierung). Das Rufen selbst, etwa der Name der Katze oder eine typischerweise benutzte Floskel, wird klassisch mit den unangenehmen Gefühlen (Schmerz, Einengung, Angst) verknüpft: „Wenn mein Mensch

mich ruft, hält er mich vielleicht wieder fest, also sollte ich ihn lieber meiden!“ (KER).

Der gleiche Effekt einer konditionierten emotionalen Reaktion wird hervorgerufen, wenn in notwendigen, aber für die Katze unangenehmen Situationen ständig der Name der Katze genannt wird. Häufig tun wir Halter dies ganz unbewusst und automatisch z.B. während medizinischer Behandlungen. Natürlich gilt dies aber auch für andere Zwangsmaßnahmen, denen die Katze nicht entkommen kann (und die noch nicht einmal zwingend notwendig wären). Manche Menschen halten etwa bei einer Katzenzusammenführung die eine Katze im Arm oder in einer Transportbox und wollen sie durch Nennung ihres Namens beruhigen. Die Wahrscheinlichkeit ist hoch, dass nicht nur der Beruhigungsversuch nicht von Erfolg gekrönt ist, sondern zudem die Katze künftig ihren Namen und/oder den Tonfall ihres Menschen mit dem Stress der Zusammenführung verbindet (KER).

Die Horrorbox

Der Klassiker unter den Beispielen negativer klassischer Konditionierung von Katzen ist der für den Tierarztbesuch hervorgeholte Transportkorb. Mit ihm bzw. in ihm wurde bei früheren Gelegenheiten Angst und möglicherweise Übelkeit beim Autofahren, Angst oder Unbehagen im Wartezimmer und schließlich möglicherweise die Schmerzen einer tierärztlichen Behandlung erfahren. Der Anblick des Transportkorbs kündigt den kommenden Tierarztbesuch an (klassische Konditionierung) und löst die damit assoziierten Emotionen (KER) aus.

Sollte die Katze freiwillig in den Transportkorb gehen oder wird sie darin überrascht, während sie ein Schläfchen hält, so werden zudem vermutlich das Schließen der Box, der Transport und der Tierarztbesuch als eine (gefühlt endlose) positive Strafe wirken – und die Transportbox so schnell nicht wieder freiwillig betreten (operante Konditionierung).

Der Überfall

Die gerade beschriebene Katze, die es beim Anblick der Transportbox mit der Angst zu tun bekommt, wird versuchen, sich durch Meideverhalten und Flucht zu entziehen. Wahrscheinlich wird sie auch nicht mehr auf ein Rufen reagieren, weil darauf in der Vergangenheit nichts Gutes folgte (siehe oben). Damit der Mensch nun aber trotzdem mit der Katze zum Tierarzt fahren oder sie z.B. für die Verabreichung von Augentropfen greifen kann, nutzt er gern Überraschungsmomente aus, in denen er die Katze einfängt. Ein Ort, an dem das relativ gut möglich ist, weil die Katze für einige Momente nicht gut reagieren kann, ist die Katzentoilette – mit oft erheblichen Folgen: Der Besuch des Katzenklos führt zum Übergriff durch den Menschen (positive Strafe). Folglich wird die Katze diese Toilette künftig – zumindest in Anwesenheit der Besitzer – seltener aufsuchen (operante Konditionierung). Die Katzentoilette selbst ist kein sicherer Ort mehr, sondern mit negativen Emotionen von Schreck, Angst bis hin zu Panik verbunden (KER). Gleiches gilt mit einiger Wahrscheinlichkeit für jede plötzliche Annährung des Katzenhalters an die Katze, zumindest wenn sie sich in der Nähe der Toilette befindet.

Eine Katze, die nach einem solchen Erlebnis eigenständig eine neue, sichere Katzentoilette improvisiert (z.B. unter der Kommode) und dort unentdeckt und ungestört ihr Geschäft verrichten kann, handelt nach der vorausgehenden Lernerfahrung nur konsequent. In diesem Fall haben wir es mit negativer Verstärkung durch ein ausbleibendes unangenehmes Erlebnis zu tun. Das neue Klo wird so gleichzeitig als sicherer und damit angenehmer Ort konditioniert (KER) – und sicherlich ab jetzt regelmäßig aufgesucht. Wird die Katze aber für die Nutzung ihrer improvisierten Katzentoilette durch Schimpfen, Schütteln, Vertreiben, etc. im lerntheoretischen Sinne positiv bestraft, so wandelt sich auch dieser Ort in einen gefährlichen Ort (KER) und die Katze wird animiert, sich den nächsten neuen, vermeintlich sicheren Ort zu suchen (operante Konditionierung). Ein weiteres, leider viel zu häufig vorkommendes Überfallbeispiel: Wird eine Katze aus dem Tiefschlaf gerissen, um Zwangsmaßnahmen an ihr durchzuführen, so stellt dieses Vorgehen eine positive Strafe dar. In extremen Fällen wird die Katze als Konsequenz bemüht sein, so wenig wie möglich zu schlafen bzw.

Tiefschlaf zu vermeiden (operante Konditionierung). Das Schlafen selbst sowie der Schlafplatz werden künftig mit negativen Emotionen belegt sein (KER).[43]

Zwang am stillen Örtchen

Unsauberkeitsprobleme beginnen nicht immer mit Übergriffen durch den Menschen auf dem Katzenklo, lösen aber manchmal solche Übergriffe aus. Mit dem Ziel der Katze beizubringen, dass sie das Katzenklo anstatt des Sofas als Toilette benutzen soll, heben nicht wenige Menschen ihre Katze im Moment des Unsauberseins hoch und setzen sie in das Katzenklo, was insbesondere bei Haubentoiletten leicht in einen kleinen Kampf ausartet (positive Strafe dafür, in Anwesenheit des Halters auf das Sofa zu pinkeln). Die andere Variante besteht darin, die Katze ohne akuten Anlass im Katzenklo einzusperren und darauf zu warten, dass sie sich dort erleichtert.

Im ersten Fall lernt die Katze, sich nur noch zu lösen, wenn der Mensch abwesend ist; im zweiten Fall lernt die Katze, tunlichst das zu vermeiden, was sie in dem Augenblick tat, als ihr Halter sie gegriffen hat (Handlung, Ort aufsuchen → operante Konditionierung). In beiden Fällen wird zudem das Katzenklo mit Angst, Zwang, Ohnmacht oder Panik verknüpft (KER). Es liegt aus Katzensicht nahe, diesen Ort künftig zu meiden und sich Alternativen zu suchen. Auch der als übergriffig wahrgenommene Mensch wird mit

[43] Dies kann auch geschehen, wenn eine Katze zum Mobbingopfer im Mehrkatzenhaushalt geworden ist und als solches sogar an ihren Schlaf- und Rückzugsorten überfallen wird.

den gleichen negativen Emotionen in Verbindung gebracht (KER) und mit großer Wahrscheinlichkeit zumindest in bestimmten Situationen gemieden. Anders als im Fall der Katzentoilette haben Katzen aber in der Regel (leider) keine Möglichkeit, sich einen alternativen, Sicherheit gewährenden und vertrauenswürdigen Menschen auszusuchen. Eine traurige Situation für beide!

Zwischenfazit

Die in diesem Abschnitt beschriebenen Handlungen von uns Menschen führen zunächst zu Unannehmlichkeiten für die Katze. Allerdings resultieren daraus mit großer Wahrscheinlichkeit Wahrnehmungs- und Verhaltensänderungen der Katze uns gegenüber, nämlich Distanzierung und Meideverhalten, Misstrauen sowie eventuell aggressives Verhalten bzw. Unsauberkeit. Da wir dies in der Regel nicht beabsichtigen und sogar bedauern, entstehen letztlich negative Folgen für Katze *und* Mensch. Wenn wir uns diese Zusammenhänge wirklich klar machen, kann dies Anlass und Motivation sein, die Ursachen für die veränderte Beziehung bzw. das veränderte Verhalten herauszufinden, unser eigenes Verhalten zu überprüfen und zu verändern und damit auch der Katze wieder mehr Wohlgefühl und höhere Lebensqualität zu verschaffen. Sind Ihnen beim Lesen schon Ideen gekommen, wie die oben beschriebenen Lernerfahrungen von vorneherein vermieden oder verändert werden könnten?

In den nächsten Abschnitten betrachten wir Szenarien, die *entweder* für den Menschen *oder* für die Katze nachteilige Konsequenzen mit sich bringen. Wieder gilt: Diese Konsequenzen wollen wir als Halter in der Regel nicht bewusst erzielen und sind uns in der Regel noch nicht einmal über die möglichen Folgen unseres Handelns im Klaren.

Handlungen mit negativen Folgen für den Menschen

(All-)Nächtliches Wecken

„Meine Katze weckt mich jeden Morgen um 4.30 Uhr. Erst wenn ich ihr etwas zu fressen gegeben habe, lässt sie mich noch einmal weiterschlafen." So oder ähnlich geht es recht vielen Katzenhaltern, die regelmäßig zu früherer oder späterer Stunde von ihren Katzen geweckt und am Weiterschlafen gehindert werden. Wie kommt es dazu?

Irgendwann ist immer das erste Mal, und dieses erste Mal kann weitreichende Konsequenzen haben. Vielleicht ist die Katze einfach nur einmal früh wach, besonders animiert durch das Vogelgezwitscher draußen und „versucht einfach mal ihr Glück“ beim Menschen – vielleicht ist dieser ja wach und für etwas Aktivität zu haben? Vielleicht entdeckt die Katze zufällig den Fuß, der so spannend unter der Bettdecke hervorguckt, erbeutet ihn (Achtung: selbstbelohnendes Jagdverhalten)[44] – und erntet eine Reaktion des Menschen? Eventuell ist sie beim ersten Mal auch krank und ihr Mensch steht auf die Klagelaute hin auf, um nach ihr zu sehen und ihr Wohlbefinden zu erhöhen. Egal welches Szenario beim ersten Mal vorliegt, die Reaktionen der Menschen ähneln einander, und die Katze lernt, dass auf ihr Verhalten (miauen, kratzen, herumpoltern) eine Reaktion des Halters folgt: Die erste Fraktion Mensch zeigt sich besorgt, weil die Katze plötzlich nachts miaut und versucht herauszufinden, was ihr fehlt. Hat sie Hunger? Möchte sie schmusen? Will sie raus? Oder doch eine andere Futtersorte? Ist diese Reaktion des Halters für die Katze in irgendeiner Weise angenehm, dann wird ihr eigenes Verhalten belohnt und es liegt eine positive operante Konditionierung vor. Die Katze wird das Verhalten von nun an häufiger zeigen.

Die zweite Fraktion nächtlich geweckter Katzenhalter ist genervt und grummelt, schimpft oder sperrt die Katze aus dem Schlafzimmer aus. Einigen Katzen reicht bereits diese kleine Interaktion mit ihren Menschen, also die Aufmerksamkeit, die auch noch in einem als Strafe gemeinten „Kater, sei still!“ enthalten ist. Auch vom Menschen in einen anderen Raum gescheucht

[44] Selbstbelohnend meint, dass die Aktivität selbst für die Katze so attraktiv ist, ihr so viel Spaß macht, dass nicht zwingend zusätzliche Belohnungen von außen nötig sind, um das Verhalten aufrechtzuerhalten.

(Jagdspiel) oder getragen (sozialer Kontakt) zu werden, *kann* als Belohnung empfunden werden (positive Verstärkung) und sorgt dann dafür, dass die Katze in der nächsten Nacht wieder pünktlich auf der Matte steht (operante Konditionierung).

Werden wir Menschen nachts häufiger geweckt, dann ist diese nächtliche Ruhestörung prädestiniert für den Einsatz variabler Verstärkung (vgl. Abschnitt *Variable Belohnung*) in zwei Spielarten:

In der ersten probieren die Katzenhalter früher oder später, dem nächtlichen Unfrieden mit Nichtbeachtung zu begegnen. Viele haben bereits gehört, dass sie unerwünschtes Verhalten ignorieren sollen, statt es zu belohnen (oder zu bestrafen). Das ist aber im realen Leben unglaublich schwierig umzusetzen. Und so halten sie das meist nicht lange durch (d.h. nicht so lange wie die Katze) und reagieren spätestens, wenn die Katze auf ihnen herumspringt oder das Kratzen an der Tür beendet, um Gegenstände vom Regal zu kegeln. Erfolgt die Reaktion manchmal nach 2 Minuten, manchmal aber erst nach 20 Minuten, lernt die Katze, dass sie sich nur genug anstrengen und nur lange genug durchhalten muss, damit ihr Mensch reagiert (operante Konditionierung). In der zweiten Spielart sorgen wir als Mensch durch das Angebot verschiedener Arten der positiven Verstärkung des eigentlich unerwünschten Verhaltens für variable Verstärkung. Bieten wir der Katze nachts Verschiedenes an, z.B. mal Futter, mal eine Schmuseeinheit, dann vielleicht doch noch (ein anderes) Futter zusätzlich, Spiel oder Freigang, wird es für die Katze richtig spannend. Kommt nicht sofort die „richtige“ Belohnung, steigt die Erregung der Katze und sie betreibt ihre Anstrengungen so lange weiter, bis sie das Gewünschte erzielt hat – und freut sich umso enthusiastischer über den Erfolg.

Variable Belohnung in beiden Varianten ist besser geeignet, ein Verhalten dauerhaft zu festigen als kontinuierliche Verstärkung. Oh je!

Kleiner Exkurs: Nicht nur die Katze, auch der Mensch wird hier operant konditioniert: Wenn er nicht reagiert, randaliert die Katze weiter und er kann nicht weiterschlafen (positive Strafe für Liegenbleiben). Stillt er aber die Bedürfnisse seiner Katze, wird diese ruhig (positive Verstärkung für z.B. Futter geben). Die konditionierte emotionale Reaktion (KER) ist für Mensch und Katze bei dieser nächtlichen Interaktion gegensätzlich: Aus dem Schlaf gerissen zu werden, ist mit negativen Gefühlen von Stress, Ohnmacht, Wut verbunden. Diese werden mit dem Verhalten der Katze verknüpft. Die Katze hingegen erlebt die nächtlichen Interaktionen mit dem Menschen als angenehme und freudige Ereignisse.[45]

Unerwünschtes Verhalten – z.B. Kratzen an Möbeln

Eine vergleichbare positive operante Konditionierung geschieht, wenn eine Katze Reaktionen von uns erfährt, wenn sie etwas tut, was wir nicht möchten: am Sofa kratzen, Erde aus Blumentöpfen buddeln oder Nippes von der Kommode werfen. Für eine unausgelastete Katze kann die (meist) negative Aufmerksamkeit eine tolle und spannende Abwechslung darstellen und sie wird dieses Verhalten – zu unserem Unmut – wieder zeigen.

[45] Dies gilt natürlich nur, wenn dem Verhalten der Katze keine andere Motivation zugrunde liegt, die vom Menschen unabhängig ist (Desorientierung, Angst, Schmerz, sexuelle Kommunikation). In allen Fällen von vermeintlich Aufmerksamkeit forderndem Verhalten sollte unbedingt geprüft werden, ob die legitimen Grundbedürfnisse der Katze, insbesondere nach Jagd und katzentypischer Beschäftigung und Ernährung, befriedigt werden und ob die Katze gesund ist. Oft genug ist das nicht der Fall, und das Abstellen dieses Missstands beseitigt das nächtliche Problem.

Katze auf der Arbeitsplatte

Ein schönes Beispiel für die Macht variabler Verstärkung ist das auf der Arbeitsplatte in der Küche entdeckte und stibitzte Stückchen Fleisch (oder Käse oder…), das bereits in einem früheren Kapitel erwähnt wurde. Die Katze lernt dabei aus ihrer guten Erfahrung (operante Konditionierung), dass ein Sprung auf die Arbeitsplatte sich sehr lohnen kann (positive Verstärkung). Sie wird diese Handlung also in der Zukunft häufiger ausführen. Hierzu ein Zitat von Sabine Schroll, Tierärztin für Verhaltensmedizin: „Katzen, die […] nur in einem von hunderten Versuchen Futter finden, werden dieses Verhalten aufgrund der Zufallsbelohnung konsequent fortsetzen" (Schroll 2004: 165) – wenn der Futterfund nur lecker genug war.

Handlungen mit negativen Folgen für die Katze

Die folgenden Szenarien haben in der Regel ausschließlich für die aktiv oder passiv beteiligte Katze negative Konsequenzen, die der Mensch aber oft kaum als solche wahrnimmt und folglich seine Katze auch nicht davor bewahrt. Wenn Sie möchten, können Sie beim Lesen erneut überlegen, wie man die beschriebenen Situationen katzenfreundlicher gestalten könnte.

Türklingel: Die unsichtbare Katze

„Seid Ihr sicher, dass Ihr eine Katze habt?" Ein Klingeln an der Tür kündigt an, dass im nächsten Moment Besuch kommt (klassische Konditionierung). Für nicht wenige Katzen ist dies das Signal, auf unbestimmte Zeit unsichtbar zu werden. Fremde Menschen werden von diesen Katzen meist aufgrund mangelnder Erfahrung, seltener aufgrund schlechter Erlebnisse, gefürchtet (KER). Die Katze, die sich vor Besuch so lange versteckt, bis dieser wieder fort ist, wird für ihr Meideverhalten durch negative Verstärkung belohnt – sie ist der Gefahr erfolgreich aus dem Weg gegangen und hat überlebt (operante Konditionierung). Also wird sie sich künftig weiterhin verstecken, anstatt neutrale oder sogar positive Erfahrungen sammeln zu können.

Abbruchsignale und –rituale: „Es war doch gerade so schön!"

Die Türklingel kann, genau wie das Auftauchen einer bestimmten Person oder das Klingeln des Telefons, für die Katze zur Ankündigung eines Interaktionsabbruchs durch den Menschen werden. Wenn Besuch kommt und insbesondere wenn es sich dabei um eine neue Liebe handelt, hört das Beschmusen auf und die Katze wird i.d.R. erst einmal ignoriert. Werden Aufmerksamkeit für die Katze, Streicheleinheiten, Spiel und „Gespräche" häufiger durch einen bestimmten Eindringling unterbrochen, so erzeugt bald bereits der Anblick dieser Person Frust (KER). Wird diese Person mehrfach durch die Türklingel angekündigt, wird zudem die Türklingel negativ konditioniert (KER) und löst bei der Katze Frustration aus – egal, wer dann tatsächlich zur Tür hineinkommt.

Wenn etwas Angenehmes immer durch ein bestimmtes Ritual beendet wird, kann dies für Klarheit und Sicherheit sorgen, aber auch zu Enttäuschung führen. Beenden wir ein Spiel immer sofort, wenn die Katze das Spielzeug das erste Mal fängt, dann wird das Fangen der Beute für die noch spielbereite Katze negativ bestraft (operante Konditionierung). Wenn sie künftig beim Spielen das tatsächliche Fangen des Spielzeugs meidet und sich mehr auf Lauern verlegt, läuft sie zudem leider Gefahr, dass wir das Spiel dann wegen eigener Langeweile abbrechen. Enden Spielaktivitäten immer mit Spielabbruch durch uns, so kann das Spielen selbst für die

Katze zur Ankündigung der bevorstehenden Frustration (KER) werden. Ähnliches kann geschehen, wenn Clickertraining immer mit der gleichen Übung, Click & Standardbelohnung abgeschlossen wird und die Trainerin sich einfach entfernt, während die Katze motiviert zurückbleibt. Diese letzte Übung wird zum einen auf der emotionalen Ebene mit Frust verknüpft (KER). Zum anderen wird die korrekte Ausführung durch den Trainingsabbruch im direkten Anschluss an Click & Belohnung negativ bestraft. Die Katze wird es künftig vermeiden, die Übung so gut auszuführen, dass sie damit Click & Belohnung & Trainingsende bewirkt (operante Konditionierung).

Gefährliches Futter

Das letzte Beispiel für negative Folgen aus unbeabsichtigter Konditionierung hat mit Futter zu tun und kann dramatische Konsequenzen nach sich ziehen: Locken. Wenn eine Katze ein bestimmtes Futter besonders attraktiv findet, kann es möglich sein, sie mit diesem Futter sehr nah an einen stark Angst auslösenden Reiz zu lotsen. Die Katze ist dabei aller Wahrscheinlichkeit nach so auf das Futter fokussiert, dass sie die eigentlich ängstigende Situation nicht als solche wahrnimmt. Der Schreck oder gar die Panik setzen ein, wenn das Futter aufgefressen ist und die Katze sich mit ihrem persönlichen Gruselobjekt konfrontiert sieht. Das ehemals geliebte Futter wird auf diese Weise optimal mit Gefühlen von Angst und Panik verknüpft (KER). Den gleichen Effekt kann man beobachten, wenn der Mensch die Katze mit Futter in eine Situation lockt, in der ihr Unangenehmes zugefügt wird, wie z.B. Medikamenteneingabe, Einsperren etc.

Wenn man Glück hat, wird nur das Sich-locken-Lassen auf diese Weise positiv bestraft, so dass die Katze künftig Locksituationen meidet (operante Konditionierung). Mit Pech verknüpft die Katze aber die empfundene Strafe mit dem speziellen Futter (bestimmte Sorte oder bestimmte Art, etwa Trockenfutter oder Nassfutter) (klassische Konditionierung) oder sogar mit dem Fressen selbst (operante Konditionierung). Als Folge kann sie die Futteraufnahme teilweise oder weitgehend verweigern. Man hat es dann nicht mit einer „typischen mäkeligen Katze“ zu tun, sondern mit einer Katze, die dieses Verhalten durch ihren unbedachten Menschen gelernt hat.

Die dargestellten Beispiele habe ich ausgewählt, weil sie mir in der Katzenverhaltensberatung schon häufig begegnet sind. Natürlich sind mit ihnen lange nicht alle Situationen abgedeckt und erklärt, die im Zusammenleben von Mensch und Katze zu Irritationen und Disharmonie führen. Das Schöne an der Lerntheorie ist aber gerade, dass wir sie immer wieder flexibel auf die verschiedensten Situationen anwenden können, um Verhalten zu verstehen und zu verändern.

Alltagsgestaltung ohne unerwünschte Nebenwirkungen

Eben haben wir analysiert, welche negativen Folgen unser unbedachtes Handeln nach sich ziehen kann. Aber natürlich kann man Lerntheorie nicht nur auf die Vergangenheit anwenden. Es gibt viele Situationen, in denen wir uns bereits im Vorfeld Gedanken machen und Handlungspläne schmieden können. Entsprechend werden wir uns nun in den nächsten Abschnitten endlich der Frage widmen, wie man diese verschiedenen normalen bis schwierigen Alltagssituationen so gestalten kann, dass weder Katze noch Mensch unter späteren negativen Konsequenzen zu leiden haben. Es geht also darum, unangenehme Folgen nach Möglichkeit ganz zu vermeiden oder ihr Ausmaß so gering wie möglich zu halten.

Respekt und Höflichkeit statt Verwechslung von aktiver und passiver Nähe

Viele Katzen schätzen passive Nähe oder passiven Körperkontakt mit ihrem Menschen. Sie möchten nah sein, aber keine aktive Berührung. Reagiert der Mensch auf die Annäherung der Katze nur mit einem freundlichen „Hallo“, ohne die Katze länger anzusehen, sie zu berühren oder sogar länger zu streicheln, so stellt dies für die passive Nähe suchende Katze eine positive Bestärkung dar. Die Katze wird also künftig häufiger diese Form des Kontaktes zu ihrem Menschen suchen (operante Konditionierung), weil sie die Nähe ihres Menschen mit entspannten, unbedrängten, sicheren und wohligen Zeiten in Verbindung bringt (konditionierte emotionale Reaktion – KER).

Wenn man nicht sicher ist, ob die Katze gerade aktive oder passive Nähe sucht, lohnt sich in der Regel ein höfliches Abwarten und Beobachten. Die aktiv-kuschelbedürftige Katze wird Zeichen setzen und damit zum Streicheln auffordern: Anschmiegen, Markieren und Köpfchengeben an den Händen, Schnurren, Blinzeln, mit hoch gestrecktem Schwanz zum bevorzugten Schmuseort vorlaufen, u.ä. Wenn die Katze den Kopf abwendet, sich putzt, den Körper anspannt, die Ohren seitlich oder zurück stellt, möchte sie die Grenzen ihres Wunsches nach Nähe verdeutlichen.

Verständnis und Verständigung statt Missverständnisse beim Streicheln

Haben Mensch und Katze erfolgreich die gemeinsame Kuschelstimmung erkannt, gelten auch hier für den Menschen zwei Grundregeln: Weniger ist mehr! Und: Aufmerksamkeit tut Not!

Nur ein Mensch, der mit seinen Gedanken und Sinnen bei der Katze ist, kann wahrnehmen, ob die Situation für seine Katze eigentlich noch angenehm ist. Wir sollten uns bemühen, die Katze immer und grundsätzlich an den für sie schönsten Stellen zu streicheln und schon kleinste Signale (Körperspannung, Ohrenspiel, Schwanzbewegungen, Veränderung der Augen oder des Schnurrens) zu bemerken, die zeigen, dass etwas unangenehm wird oder genug gestreichelt wurde – und dann natürlich auch sofort (!) mit dem Beenden des Streichelns reagieren. Beherzigen wir diese Regeln, dann werden diese Kuschelmomente mit uns klassisch mit größtem Wohlgefühl verknüpft (KER) und die Katze lernt, dass es sich lohnt, diese Kuschelstunden zu initiieren (operante Konditionierung).

Hat man es mit einer Katze zu tun, die vormals gelernt hat, dass diese Signale grundsätzlich übersehen werden und sie deshalb gar nicht mehr anbietet, sollte der Mensch nach kurzen Streichelmomenten seine aktive Handlung unterbrechen. Gibt die Katze daraufhin keine weitere explizite Aufforderung, wird die Streichelsession beendet. Verlangt die Katze nach mehr, dann darf sie mehr bekommen – es sollte aber schon kurze Zeit später die nächste „Frage“ in Form einer Streichelpause folgen.[46] Auf diese Weise beendet der Mensch das Kuscheln, solange es für die Katze noch schön ist, und erzeugt dadurch eine positive KER auf aktiven Körperkontakt.

Schließlich ist es möglich, der Katze ein Abbruchsignal an die Hand oder besser: an die Pfote zu geben. Dies geschieht mittels operanter Konditionierung: Man hört immer sofort mit dem Streicheln auf, wenn die Katze ein bestimmtes Verhalten während des Gestreichelt-Werdens zeigt. Das könnte z.B. ein Blick zur Tür, eine leichte Kopfdrehung nach rechts oder ein kurzes Putzen sein. Die Katze lernt so ein Signal mit Bedeutung „Stopp“ kennen, das der Mensch mit Sicherheit versteht – und muss folglich nicht auf Aggressionen zwecks Distanzvergrößerung zurückgreifen.

Kein „Komm mal, Miezi“ und nur durchdachte Überfälle

Manchmal müssen wir unseren Katzen „etwas antun“. Medizinische Maßnahmen müssen durchgeführt werden, auch wenn die Katze sie als unangenehm oder sogar ängstigend empfindet. Bei einer tierärztlichen Behandlung oder in anderen für die Katze stressigen Situationen sollten

[46] Dieses Vorgehen ist auch bei passiven Katzen angemessen, die sich Streicheleinheiten nie aktiv abholen, diese aber durchaus genießen, wenn der Mensch sie ihnen im richtigen Moment anbietet.

wir es vermeiden, die Katze beim Namen zu nennen oder überhaupt allzu viel zu reden. Auf keinen Fall sollte man die Katze aber rufen, um ihr dann etwas Unangenehmes zuzufügen. Stattdessen sollten Sie in diesen Fällen zu Ihrer Katze hingehen und freundlich, aber weitgehend kommentarlos und beherzt tun, was getan werden muss. Am besten passen Sie dafür einen Moment ab, in dem Ihre Katze an einem für sie verhältnismäßig unwichtigem Ort ist und gerade keiner lebenserhaltenden Aktivität nachgeht (bitte nicht: Fressen, Schlafen, Toilette, Rückzugsort).

Diese Vorgehensweise hält den möglichen Schaden gering, da weder der Name der Katze (KER) noch ein essentielles Verhalten (Schlafen, etc.) negativ verknüpft werden können.

Ausnahme: Einige Katzen beruhigen sich in einem wirklich sichtbaren Ausmaß auch in stressigsten Situationen, wenn ihre Menschen liebevoll mit ihnen reden. In diesem Fall ist der Gewinn durch das Sprechen mit der Katze vermutlich größer als die Gefahr der negativen Verknüpfung. Dieses Beispiel zeigt aber auch, dass nicht immer alles einfach und schwarz-weiß ist. Jede Katze und jede Mensch-Katze-Beziehung ist einzigartig.

Die Katze sollte in einem Moment aus der unangenehmen Situation entlassen werden, in dem sie sich ruhig und still verhält. Ruhiges Verhalten in Stresssituationen wird so durch das Beenden des Unangenehmen bzw. Distanzvergrößerung belohnt (operante Konditionierung).

Die Horrorbox kann zum sicheren Ort werden

Abhängig vom Ziel des Menschen gibt es verschiedene Wege, um an das „Transportboxproblem" heranzugehen. Der erste und einfache Weg besteht darin, der Transportbox ihren Ankündigungswert zu nehmen, indem sie ein Alltagsmöbel wird, das nicht ausschließlich für den Tierarztbesuch hervorgeholt wird. Wenn man gleichzeitig regelmäßig mit der Katze in der Box spielt, sie mit Leckerchen attraktiv macht oder der Katze mit Clickertraining beibringt, freiwillig hinein zu gehen, wird die Transportbox für die Katze ein angenehmer Ort (KER), den aufzusuchen sich lohnt (operante Konditionierung). Liegt genügend Zeit zwischen zwei Tierarztbesuchen, reicht dies aus, um die Katze entspannt in den Transportkorb sperren zu können. Der folgende Tierarztbesuch wird die positive Verknüpfung allerdings schwächen, löschen oder sogar eventuell durch eine negative KER ersetzen. Ist letzteres der Fall, besteht Nebenwirkungsgefahr: Der Weg, auf dem die Katze in die Box gelotst wurde (Spiel, Clickern, Leckerlis), könnte von der Katze künftig gemieden werden, weil er positiv bestraft wurde (operante Konditionierung). Je intensiver[47] Sie vorher mit Ihrer Katze den Gang in die Transportbox trainieren (insbesondere durch Clickern), desto stärker ist die positive Verknüpfung mit der Transportbox und desto geringer ist das Nebenwirkungsrisiko!

Der aufwändigere Weg dafür zu sorgen, dass die Transportbox ein sicherer Ort bleibt, besteht darin, mit der Katze die verschiedenen Schritte eines Tierarztbesuches zu üben und sie positiv zu verknüpfen. Clickertraining (operante Konditionierung mit starker positiver KER bei gutem Training) sowie Desensibilisierung in Kombination mit klassischer Gegenkonditionierung sind die Methoden der Wahl, um dem Schließen der Transportbox, dem Anheben und Tragen der Box[48] drinnen und draußen, der Autofahrt, dem Aufenthalt beim Tierarzt und den routinemäßigen Untersuchungen den Schrecken zu nehmen. Täglich wenige Minuten Training können langfristig eine große Erleichterung für Mensch und Katze bei Tierarztbesuchen bewirken.

---

[47] Intensiv bedeutet regelmäßige Trainingseinheiten über einen langen Zeitraum (mindestens 1-2x pro Woche über Wochen und Monate).

[48] Eine recht ausführliche Beschreibung eines erweiterten Transportboxtrainings (allerdings *nicht* bis hin zu den tierärztlichen Untersuchungen) finden Sie in meinem Clickerbuch „Trickschule für Katzen“.

Niemals Zwang am stillen Örtchen

Wir sollten sicherstellen, dass die Katze jederzeit ungestörten und sicheren Zugang zu ihren Katzentoiletten hat, so dass das Aufsuchen der Toilette für die Katze immer angenehm ist (operante Konditionierung und positive KER).

Ist die Katze unsauber oder markiert sie und wird sie dabei auf frischer Tat ertappt, sollten wir tief durchatmen und die Tat der Katze ignorieren. Auf diese Weise verhindern wir, dass sich die Katze als Reaktion auf eine Bestrafung vor uns zurückzieht, Vertrauen verliert und sich andere „illegale" Toiletten bzw. Markierstellen sucht (je weniger Unsauberkeitsstellen, desto leichter die Therapie). Stattdessen sollten wir uns ganz der Ursachenanalyse widmen und dann systematische, katzenfreundliche Maßnahmen zur Lösung der Unsauberkeit ergreifen.[49]

Durchschlafen statt (all-)nächtlichem Wecken

Weiter vorne wurden verschiedene Szenarien des „ersten Mals" beschrieben, bei dem die Katze lernt, was für tolle und spannende Sachen wir Menschen nachts mit ihr machen können. Der Grundsatz hier lautet: Wehret den Anfängen! Wenn eine Katze das erste Mal nachts miaut oder an der Tür kratzt, dann sollte der Mensch dies unbedingt ignorieren. Durch die ausbleibende Bestärkung wird nächtlicher Krawall nicht operant positiv konditioniert. Dieses Ignorieren sollte konsequent so lange andauern, bis die Katze wieder ruhig ist. Dies wäre dann der Moment aufzustehen und sicherzustellen, dass die Katze gesund und auch sonst alles in Ordnung ist (falls sie plötzlich und unerwartet nachts auf sich aufmerksam macht). Belohnt wird also das erwünschte, ruhige Verhalten der Katze.

Bei meiner Arbeit habe ich die Erfahrung gemacht, dass bei nächtlichem Wecken nahezu immer Raum dafür vorhanden ist, die Katze mehr auszulasten bzw. die Aktivitätszeiten der Katze neu zu strukturieren. Ist das Kind bereits in den Brunnen gefallen und die Katze kommt jeden Morgen um

---

[49] Bei der Analyse von Schwierigkeiten, die für Mensch und/oder Katze schwerwiegend sind, kann es sehr hilfreich sein, sich Expertenrat einzuholen. Parallel sollte immer ein ausführlicher Gesundheitscheck beim Tierarzt erfolgen, um unerkannte Krankheiten als Verhaltensursache auszuschließen bzw. zu behandeln.

4.30 Uhr laut maunzend, reicht es deshalb in der Regel nicht aus, sich zu diesem Zeitpunkt anders zu verhalten, sondern wir müssen die Bedürfnisse der Katze so befriedigen, dass diese nicht am frühen Morgen unerträglich werden. Dies könnte bedeuten: Häufigere Spieleinheiten, vielfältige Aktivitäten tagsüber und vor allem in den Abendstunden, häufigere Mahlzeiten und spätere letzte Abendmahlzeit, so dass der Hunger über Nacht nicht so groß wird, möglicherweise Einsatz eines Futterautomaten, ausreichend häufiges Beschmusen – je nach Bedürfnis der einzelnen Katze. Ist dies gewährleistet, können wir mit gutem Gewissen an der Situation selbst arbeiten. Das Ziel ist dann die Löschung des erlernten Verhaltens. Die nächtliche Randale, die möglicherweise trotz Bedürfnisbefriedigung aus reiner Gewohnheit noch aufrechterhalten wird, führt einfach nie mehr zu einer erstrebenswerten Konsequenz für die Katze. Hier kommt also wieder das berühmte Ignorieren ins Spiel. Dieses muss dann allerdings wirklich in letzter Konsequenz durchgehalten werden. Bereiten Sie sich also auf den möglichen Löschungstrotz vor, legen Sie lieber Ohropax bereit und nehmen alle zerbrechlichen Gegenstände vorsorglich vom Regal.

Alternativen für unerwünschtes Verhalten

Wenn die Katze ein Verhalten zeigt, das uns stört (wie z.B. Möbelkratzen), müssen wir als Erstes wieder sorgfältig prüfen, ob die arttypischen Bedürfnisse der Katze ausreichend befriedigt werden. Im Falle von Kratzmarkieren reicht es nicht, Kratzbretter und –bäume *irgendwo* in der Wohnung zu haben, sondern sie müssen an den für die Katze *relevanten* Stellen stehen (in der Nähe der Ruhezonen, Spielzonen, wichtigen Durch- und Eingängen). Viele Katzen wollen unbedingt sichtbare Spuren hinterlassen, was an Kork oder Pappe viel leichter geht als an Sisal. Weiter gilt es zu fragen, ob wir von der Katze sinnvollerweise erwarten können, das gezeigte Verhalten zu unterlassen. Graben gehört beispielsweise zum natürlichen Ausscheidungsverhalten dazu. Wenn die dabei aus dem Katzenklo fliegende Streu den Menschen stört, kann und sollte man der Katze nicht das Buddeln abgewöhnen. Hier wären beispielsweise Managementmaßnahmen als Kompromisslösung gefragt: Bei besonders großen Katzentoiletten landet z.B. auch bei sehr engagierten Buddlern weniger außerhalb der Toilette. Höhere Ränder bieten auch etwas Schutz. Ansonsten kann es auch darum gehen, eine Unterlage für die Toilette zu finden, die einem selbst das Auffegen erleichtert.

Das unerwünschte Verhalten, etwa Kratzmarkieren am Sessel, sollte vom ersten Moment an vom Halter ignoriert werden (Löschung, falls der erste Moment verpasst wurde), um es nicht durch Aktion und Aufmerksamkeit ungewollt zu verstärken (operante Konditionierung). Stattdessen kann der Mensch Aufmerksamkeit in verschiedenen Varianten gezielt nutzen, um das erwünschte Verhalten aus Katzensicht besonders lohnend zu machen. Das Kratzen an „legalen“ Kratzstellen könnte etwa mit enthusiastischer Ansprache und vor allem mit Spiel belohnt werden (operante Gegenkonditionierung).

„Yippie“ – es klingelt an der Tür

Die Türklingel sowie der durch sie angekündigte Besuch können für eine Katze von Anfang an bewusst mit etwas Positivem verknüpft werden. Was als Belohnung gilt, entscheidet die Katze: Einige freuen sich über den Trubel und die Aufmerksamkeit der Besucher. Für alle anderen kann die Türklingel zur Ankündigung einer kleinen, aber feinen Leckerei werden (klassische Konditionierung).

Hat die Katze bereits negative Assoziationen mit der Türklingel, kann diese durch klassische Gegenkonditionierung neu und positiv belegt werden. Das Vorgehen ist dabei das gleiche, nur dass Sie noch besser vorbereitet sein müssen. Das Leckere muss nahezu im Moment des Klingelns vor den Pfoten Ihrer Katze landen. Sind Sie zu spät dran, ist die Katze sonst schon weg und Sie müssen ihr die Leckerei hinterhertragen (auch wenn das Timing dann nicht mehr optimal ist). In extremen Fällen kann es hilfreich sein, das alte Klingelgeräusch durch ein neues zu ersetzen, das dann klassisch mit etwas Tollem verknüpft wird. Das Resultat ist in beiden Herangehensweisen eine Katze, in der die Türklingel positive Gefühle (KER) weckt und die sich folglich nicht verstecken muss.

Gleich noch einmal „Yippie"

Oben wurde beschrieben, dass die Türklingel nicht immer nur Angst, sondern auch Frustration auslösen kann. Dies ist der Fall, wenn die Klingel bzw. das Auftauchen einer bestimmten Person (z.B. Freund oder Freundin) für die Katze zur Ankündigung eines Interaktionsabbruchs mit ihrem Besitzer werden. Dies kann auf zweierlei Weise vermieden werden:

Erwarten wir Besuch oder ist es absehbar, dass die Kuschelrunde oder das Spiel wegen der besagten Person demnächst beendet werden muss, so sollten wir das schöne Zusammensein beenden, *bevor* diese Person das Zimmer betritt oder *bevor* es an der Tür klingelt – es sei denn, das Türklingeln ist bereits positiv verknüpft. Auf diese Weise können wir verhindern, dass die durch den Kontaktabbruch möglicherweise entstehende Frustration mit der Klingel oder dem bestimmten Menschen verknüpft wird. Alternativ kann, wie vorher die Türklingel, die Ankunft einer bestimmten Person zur Ankündigung von etwas besonders Schönem werden, indem beispielsweise immer eine Leckerei hervorgezaubert oder ein spannendes Spiel angeboten wird (klassische Konditionierung bzw. klassische Gegenkonditionierung, falls schon eine negative KER vorhanden).

Abbruchrituale positiv gestalten

Rituale geben Sicherheit und Klarheit. Abbruchrituale können Frustration vermeiden, wenn sie die Katze z.B. bei interaktivem Spiel oder Clickertraining vor fruchtlosen Fortsetzungsversuchen bewahren. Um zusätzlich sicherzustellen, dass das Beenden selbst keinen Frust auslöst und keine Handlungen (Fangen der Spielmaus) mit einer negativen KER verknüpft werden, sollten die folgenden Punkte beachtet werden:

Interaktives Spiel sollte nicht immer im gleichen Moment beendet werden. Im wahren Leben wird Beute manchmal gefangen und direkt verzehrt. Häufig lässt die Katze die Maus (oder was immer sie gerade gefangen hat) aber noch einmal absichtlich oder unabsichtlich entwischen, um sie erneut zu erhaschen – und manchmal entwischt die Beute und die Katze gibt auf. Folglich kann auch das gemeinsame Spiel mit der Spielzeugbeute in solchen typischen Jagdmomenten beendet werden. Grundsätzlich sollte natürlich gewährleistet sein, dass die Katze im Laufe einer Spieleinheit genug Jagderfolge hat.

Alternativ – und das ist m.E. die bessere Variante – können wir als Katzenhalter auf die Aktion, die wir beenden, eine ganz wunderbare andere Aktion folgen lassen: Kuschelstunde, Leckerei oder anstehende Mahlzeit, Tür öffnen für Freigang, etc. Wir erzeugen also die klassische Konditionierung, dass das Ende der gemeinsamen Aktivität zur Ankündigung von etwas anderem Schönen wird. Es gilt wieder: Die Prioritäten der Katze entscheiden darüber, was ein geeigneter positiver Reiz ist. Beim Clickertraining bietet es sich an, das Training nach einer erfolgreichen Übung mit einem Jackpot zu beenden, der außerhalb des typischen Clickerplatzes gegeben wird. Sowohl das Training als auch die letzte Übung werden so zum Abschluss noch einmal im Zuge der operanten Konditionierung mit einer besonders positiven KER „aufgeladen", während die Katze gleichzeitig an einen Ort gelenkt wird, der nicht mit Trainingsassoziationen verknüpft ist. So fällt es ihr leichter, im Anschluss an das Training mit ihren normalen Katzentätigkeiten fortzufahren.

Gefährliches Futter – niemals in unangenehme Situationen locken!

Fressen ist lebensnotwendig. Auf gar keinen Fall sollten wir deshalb riskieren, unserer Katze das Fressen zu verleiden, indem wir es mit Angst oder Schmerzen verknüpfen. Dies kann allzu leicht geschehen, wenn Futter benutzt wird, um eine Katze in unangenehme Situationen zu locken bzw. in solche, in der der Katze dann *aus ihrer Sicht* schlimme Dinge angetan werden.

Etwas ganz anderes ist es hingegen, wenn wir Futter und Leckereien als wertvolles Hilfsmittel einsetzen, um einer Katze durch (klassische oder operante) Gegenkonditionierung Ängste zu nehmen und Unangenehmes

„schmackhaft“ und damit „halb so schlimm“ zu machen (positive KER). Dafür muss das Futter aber unbedingt *nach* dem unangenehmen Reiz auftauchen, der nach einigen Wiederholungen zur Ankündigung der Leckerei wird (klassische Konditionierung). In Kombination mit einer Desensibilisierung kann die Katze auf diese Weise lernen, sich selbst freiwillig und bewusst in Situationen zu begeben (operante Konditionierung), die sie früher geängstigt haben und z.B. wieder von sich aus in die Transportbox zu gehen. Ein solches Vorgehen bedarf – anders als plumpes Locken – der Planung und eines regelmäßigen Trainings. Aber dafür können wir dabei auch sicher sein, unserer Katze nicht etwas Lebenswichtiges zu verderben, sondern ihr durch Training dabei zu helfen, besser in unserer Menschenwelt zurechtzukommen.

Lerntheorie ganz entspannt einsetzen

Die vielen Beispiele haben gezeigt, dass es im täglichen Miteinander nicht nur um Verhalten geht, sondern immer auch um Gefühle. Diese sind nicht ausschließlich Reaktionen auf aktuelle Geschehnisse, sondern können auch als konditionierte emotionale Reaktionen auf Reize auftreten, ohne dass das eigentlich Schöne oder Unangenehme selbst erneut geschehen ist. Im Fall von positiven Gefühlen ist das kein Problem – weder wir noch unsere Katzen können uns häufig genug wohl und glücklich fühlen. Im Umgang mit bzw. beim Auslösen von negativen konditionierten Reaktionen sollten wir hingegen sehr achtsam sein. Ich möchte Ihnen ein Beispiel für die sogenannte *konditionierte Strafe* geben: Miezi wurde ja weiter oben schon mal von dem Strahl einer Wasserpistole getroffen, was für Miezi wirklich ganz fürchterlich ist. Miezis Halterin hat nun ziemlich viel an Miezis Verhalten auszusetzen und koppelt mehrfach ein „Nein“ mit einem Schuss aus der Wasserpistole. Nach einigen Wiederholungen wird das „Nein“ alleine ausreichen, um Miezi zum Verhaltensabbruch und wahrscheinlich zur Flucht zu veranlassen. Dabei wird Miezi sich genauso fühlen, als ob sie wirklich von dem Wasserstrahl getroffen wurde. Das „Nein“ ist damit nicht länger einfach nur ein harmloses Wort, sondern es ruft Unglück hervor. Ist das nicht schade, wenn es auch anders geht?

Ein viel schönerer Anwendungsbereich für Konditionierungen ist die konditionierte Entspannung. Dabei wird ein vorher unbedeutender Reiz (ein Wort, eine Berührung, ein Duft) mit Entspannung verknüpft. Kennen Sie progressive Muskelentspannung? Wenn Sie diese Entspannungstechnik richtig gut lernen, konditionieren Sie Ihren Körper schlussendlich darauf, sich auf ein Signal hin in eine tiefe Entspannung zu begeben. Das Signal könnten Ihre Hände in einer bestimmten Position auf Ihren Oberschenkeln sein. Es ist etwas schwieriger, für jemand anders bzw. die eigene Katze eine konditionierte Entspannung aufzubauen, aber möglich. Um es später alltagspraktisch anwenden zu können, würde ich ein Wortsignal benutzen (natürlich wäre auch die Verknüpfung mit Berührungen oder Gerüchen denkbar und manchmal sogar etwas einfacher). Da wir es mit klassischer Konditionierung zu tun haben, müssen wir dieses Wort nun wiederholt mit unserer entspannten Katze koppeln: Ihre Katze hat es sich an einem Schlafplatz gemütlich gemacht und ist fast fertig mit dem Putzen? Dann seien Sie bereit: Im nächsten Moment wird sie sich in die perfekte Schlafposition begeben, vielleicht kurz seufzen und sich entspannen. Dies ist der Augenblick für das künftige Entspannungssignal. Sie können das Entspannungssignal auch geben, während Sie durch das Streicheln an einer besonders schönen Stelle Ihre Katze dazu veranlassen, sich völlig Ihren Händen zu überlassen.

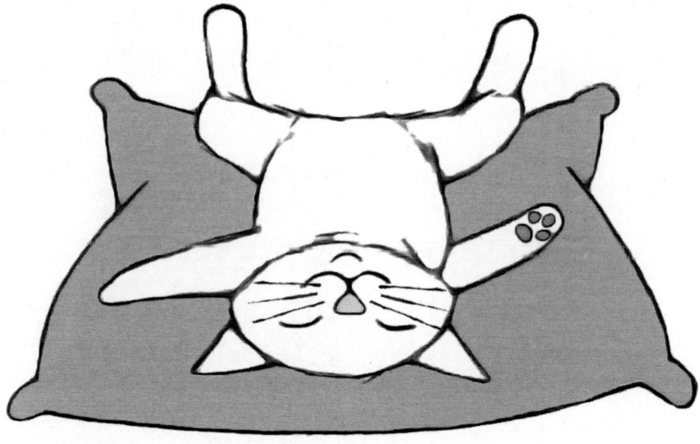

Ist ein Entspannungssignal durch viele Wiederholungen etabliert, können wir es im Alltag anwenden, um in Spannungssituationen etwas mehr Ruhe hineinzubringen. Die Katze wird dann nicht gleich entspannt umfallen. Der Effekt wird deutlich subtiler sein. Aber die unwillentlich einsetzende körperliche Entspannung kann zum Beispiel dafür sorgen, dass die Katze in einer kritischen Situation ansprechbar wird, Futter annehmen kann oder sich einfach nicht so angespannt fühlt. Nach der Anwendung im Alltag muss das Entspannungssignal in echten Entspannungssituationen regelmäßig neu „aufgeladen“ werden.

Testen kann man das Entspannungssignal in unkritischen Alltagssituationen. Reagiert die Katze auf das Entspannungssignal mit sichtbarer körperlicher Entspannung, wissen Sie, dass Sie genau auf dem richtigen Weg sind.

Gemeinsam mit der Katze, ein Katzenleben lang

Katzen sind vergleichsweise selbstständige Mitbewohner. Sie sind gleichzeitig kleine Persönlichkeiten mit Bedürfnissen und Gefühlen. Ihre Lebensumstände bedingen in der Regel, dass sich die Katzen nicht jederzeit nach eigenem Gutdünken selbst um die Erfüllung ihrer Bedürfnisse kümmern können. Sie sind abhängig von uns Menschen. Für uns erwächst daraus die Verantwortung, unsere Katzen als Mitgeschöpfe wahrzunehmen und anzuerkennen und ihnen so viel Kontrolle wie möglich über ihr eigenes Leben zu geben. Dazu gehört auch die Befriedigung der kätzischen Bedürfnisse – Tag für Tag für Tag, ein Katzenleben lang. Als Haustiere sind Katzen gleichzeitig soziale Lebewesen, die miteinander und mit ihren Menschen kommunizieren und interagieren und aus Erfahrungen lernen. Katzen finden heraus, was ihnen positive und was negative Konsequenzen beschert und passen ihr Verhalten – soweit es ihnen ihr arttypisches Verhaltensrepertoire erlaubt – entsprechend an. Katzen sind folglich „erziehbar", wenn man die richtigen Wege kennt und nutzt. Dabei darf der Fokus nicht auf dem liegen, was die Katze lassen soll, sondern die grundlegende Frage lautet: Was soll sie tun und wie kann man dieses Verhalten für sie besonders lohnenswert machen? Auf diese Weise machen Lernen und Erziehung allen Beteiligten Spaß und die Lebensqualität nimmt zu. Jede Katze kann jederzeit neue Erfahrungen machen und dazulernen. Eine Katze, die heute furchtsam ist, behält vielleicht ihr Leben lang ein etwas ängstliches Naturell. Aber dennoch kann man dieser Katze ihre Ängste gegenüber speziellen Gegenständen, Lebewesen und Situationen nehmen und sogar gegen positive Emotionen eintauschen. Dafür braucht sie aber die Hilfe eines sensiblen und vor allem nachdenkenden Menschen.

Katzen haben meist keine Entscheidungsfreiheit bezüglich ihres Zuhauses. Unter ethischen Gesichtspunkten ist es deshalb nur fair, wenn wir als Katzenhalter unseren Katzen dabei helfen, sich in jeder Hinsicht in ihrem Leben in der für sie manchmal sehr komischen Menschenwelt zurechtzufinden. Wenn in der Vergangenheit nicht immer alles optimal gelaufen ist, halten Sie sich nicht mit schlechtem Gewissen auf. Ziehen Sie die möglichen (lerntheoretischen) Lehren daraus, und beginnen dann einfach heute mit den ersten Veränderungen. Ihre Katze wird es Ihnen danken.

Literaturverzeichnis

Beck, Elisabeth: Wer denken will, muss fühlen. Mit Herz und Verstand zu einem besseren Umgang mit Hunden. Kynos Verlag, 2010.

Bekoff, Marc: Das Gefühlsleben der Tiere. Animal Learn Verlag, 2008.

Bohnenkamp, Gwen / Jones, Renate: Was Katzen wirklich brauchen. Kosmos, 2004.

Braun, Martina: Kätzisch für Nichtkatzen. Cadmos, 2007.

Dbalý, Helena / Sigl, Stefanie: Das Spielebuch für Katzen. Cadmos, 2008.

Donaldson, Jean: Meins. Birgit Laser Verlag, 2006.

Gansloßer, Udo: Verhaltensbiologie der Hauskatze. Filander Verlag, 2010.

Hauschild, Christine: Stille Örtchen für Stubentiger. Unsauberkeit bei Katzen verstehen und Lösungen finden. BoD, 2009.

Hauschild, Christine: Trickschule für Katzen – Spaß mit Clicker und Köpfchen. Cadmos, 2010.

Kessler, Mirjam: Katzenhaltung im Tierheim. Analyse des Ist-Zustandes und ethologische Beurteilung von Haltungsformen. Dissertation Universität Zürich, 1997.

Laser, Birgit: Clickertraining – mehr als Spaß für Katzen. Birgit Laser Verlag, 2003.

Leyhausen, Paul: Katzenseele. Kosmos, 1996/2005.

Liberg, Olof / Mikael Sandell / Dominique Pontier / Eugenia Natoli: Density, spatial organisation and reproductive tactics in the domestic cat and other felines. In: Turner, Dennis (Ed.): The Domestic Cat – The biology of its behaviour. Cambridge University Press, 2000 (2. Auflage).

Lindsay, Steven R.: Handbook of applied dog behaviour and training. Volume 3: Procedures and Protocols. Chapter 1, Part 1. Blackwell, 2005.

McMillan, Franklin D.: Mental Health and Well-Being in Animals. Blackwell Publishing, 2005.

O'Heare, James: Trennungsangst beim Hund. Ein Arbeitsbuch. Animal Learn Verlag, 2004.

O'Heare, James: Die Dominanztheorie bei Hunden. Eine wissenschaftliche Betrachtung. Animal Learn Verlag, 2005.

O'Heare, James: Changing Problem Behavior. A Systematic and Comprehensive Approach to Behavior Change Project Management. BehaveTech Publishing, 2010.

O'Heare, James: Empowerment Training. Training for Creativity, Persistence, Industriousness, Resilience and Behavioral Well-Being. BehaveTech Publishing, 2011.

Panksepp, Jaak: Affective Neuroscience: The Foundations of Human and Animal Emotions. Oxford University Press, 2004

Parsons, Emma: Click to calm. KPCB, 2005.

Pfleiderer, Mircea / Rödder, Birgit: Was Katzen wirklich wollen. GU, 2010.

Pryor, Karen: Positiv bestärken – sanft erziehen. Kosmos, 2006, 2. Aufl.

Pryor, Karen: Den Tieren in die Seele schauen. Kosmos, 2010.

Ramirez, Ken: Animal Training. Successful Animal Management through Positive Reinforcement. Shedd, 1999.

Rochlitz, Irene: The Welfare of Cats. Animal Welfare Volume 3. Springer, 2007.

Schär, Rosemarie: Die Hauskatze. Ulmer, 1989/2003.

Schneider, Dorothee: Die Welt in seinem Kopf. Über das Lernverhalten von Hunden. animal learn Verlag, 2005.

Schroll, Sabine: „Miez, Miez – na komm! Artgerechte Katzenhaltung in der Wohnung“. Videel, 2001.

Schroll, Sabine: „Aller guten Katzen sind …?“. Videel, 2003.

Schroll, Sabine: Verhaltensmedizin der Katze. Enke, 2004.

Sdao, Kathy: Die Konsequenzen, wenn man Konsequenzen mischt: Verstärker und Strafen sind nicht kombinierbar. In: Clickermagazin 6/2009, S. 16-21.

Seligman, Martin E.P.: Erlernte Hilflosigkeit. Beltz, 1999 (3. Auflage)

Seligman, Martin E.P.: Learned Optimism – How to change your mind and life. Vintage Books, 2006.

Turner, Dennis (Ed.): The Domestic Cat – The biology of its behaviour. Cambridge University Press, 2000 (2. Auflage).

Wendt, Marlitt: Wie Katzen ticken. Cadmos, 2010.

Über die Autorin

Foto: Hartmut Zielke

Christine Hauschild lebt mit ihren zwei Katzen in Hamburg. Sie betreibt dort die Mobile Katzenschule Happy Miez und berät Halter in allen Fragen rund um die Katze. Neben Hausbesuchen bietet sie auch telefonische Beratungen an.

Zusätzlich zu ihrer Arbeit als Verhaltensberaterin und Autorin gibt sie regelmäßig Katzenseminare zu einer Vielzahl von Themen.

Nähere Informationen finden Sie unter

http://www.mobile-katzenschule.de

Weitere Buchveröffentlichungen

Stille Örtchen für Stubentiger – Unsauberkeit bei Katzen verstehen und Lösungen finden, erschienen 2009 bei BoD.

Trickschule für Katzen – Spaß mit Clicker und Köpfchen, erschienen 2010 bei Cadmos.